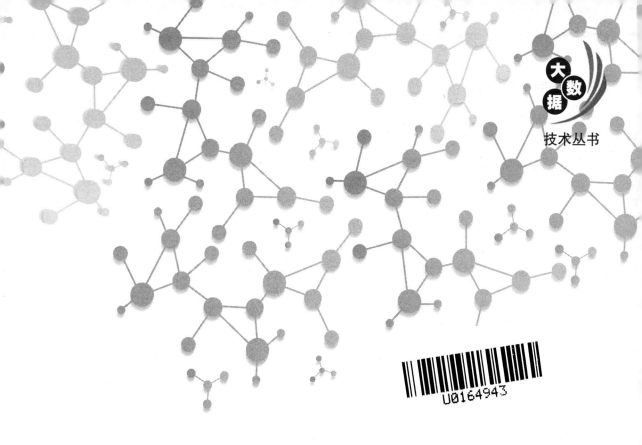

大数

据

技术丛书

U0164943

离线和实时大数据
开发实战

朱松岭◎著

机械工业出版社
China Machine Press

图书在版编目（CIP）数据

离线和实时大数据开发实战 / 朱松岭著 . —北京：机械工业出版社，2018.5
（大数据技术丛书）

ISBN 978-7-111-59678-3

I.离⋯ II.朱⋯ III.数据处理 IV. TP274

中国版本图书馆 CIP 数据核字（2018）第 067290 号

离线和实时大数据开发实战

出版发行：	机械工业出版社（北京市西城区百万庄大街 22 号　邮政编码：100037）		
责任编辑：	高婧雅	责任校对：	殷　虹
印　刷：	北京诚信伟业印刷有限公司	版　次：	2018 年 5 月第 1 版第 1 次印刷
开　本：	186mm×240mm　1/16	印　张：	14.75
书　号：	ISBN 978-7-111-59678-3	定　价：	59.00 元

凡购本书，如有缺页、倒页、脱页，由本社发行部调换

客服热线：（010）88379426　88361066　　　投稿热线：（010）88379604
购书热线：（010）68326294　88379649　68995259　　读者信箱：hzit@hzbook.com

为什么要写这本书

念念不忘，终有回响。

撰写一本数据开发相关书的念头始于笔者学习数据知识的早期，当时笔者遍寻市面上所有的数据书籍，却没有发现一本系统化且从项目实践角度突出重点的数据开发书籍。

笔者非常理解某领域初学者的苦衷，对于他们来说，最重要的不是具体的 API、安装教程等，而是先找到该领域的知识图谱，有了它，就可按图索骥，有针对性地去学。

对于大数据技术来说，上述需求更甚。一方面，由于社区、商业甚至个人原因，大数据的技术可以说是五花八门、琳琅满目，初学者非常容易不知所措，不知从哪里下手。另一方面，从理论上来说，互联网上几乎可以查到所有的大数据技术，比如在百度上搜索、问知乎，但这些都是碎片化的知识，不成体系，初学者需要先建立自己的大数据知识架构，再进一步深入。

本书正是基于这样的初衷撰写的，旨在帮助和加快初学者建立大数据开发领域知识图谱的过程，带领初学者更快地了解这片领域，而无须花更长的时间自己去摸索。

当然，未来是 DT（Data Technology）时代，随着人工智能、大数据、云计算的崛起，未来数据将起到关键的作用，数据将成为如同水、电、煤一样的基础设施。但是，实际上目前数据的价值还远远没有得到充分的挖掘，如医疗数据、生物基因数据、交通物流数据、零售数据等。所以笔者非常希望本书能够对各个业务领域的业务分析人员、分析师、算法工程师等有所帮助，让他们更快地熟悉和掌握数据的加工处理知识与技巧，从而能够更好、更快地分析、挖掘和应用数据，让数据产生更多、更大的价值。

通过阅读本书，读者能建立自己的大数据开发知识体系和图谱，掌握数据开发的各种技术（包括有关概念、原理、架构以及实际的开发和优化技巧等），并能对实际项目中的数据开发提供指导和参考。

大数据技术日新月异，由于篇幅和时间限制，书中仅讲述了当前主要和主流的数据相关技术，如果读者对大数据开发有兴趣，本书将是首选的入门读物。

本书特色

本书从实际项目实践出发，专注、完整、系统化地讲述数据开发技术，此处的数据开发技术包括离线数据处理技术、实时数据处理技术、数据开发优化、大数据建模、数据分层体系建设等。

我们处于一个信息过度的时代，互联网涵盖了人类有史以来的所有知识，浩如烟海。对大数据开发技术来说，更是如此。那么，大数据相关人员如何吸收、消化、应用和扩展自己的技术知识？如何把握相关的大数据技术深度和广度？深入到何种程度？涉猎到何种范围？

这是很有意思的问题。笔者认为最重要的是找到锚点，而本书的锚点就是数据开发技术。所以本书的另一个特点是以数据开发实战作为锚点，来组织、介绍各种数据开发技术，包括各种数据处理技术的深度和广度把握等。比如在离线数据处理中，目前事实的处理标准是 Hive，实际项目中开发者已经很少自己写 Hadoop MapReduce 程序来进行大数据处理，那是不是说 MapRedue 和 HDFS 就不需要掌握了呢？如果不是，又需要掌握到何种程度呢？笔者的答案是，对于 Hive 要精深掌握，包括其开发技巧和优化技巧等。MapReduce 要掌握执行原理和过程，而 MapRedue 和 HDFS 具体的读数据流程、写数据流程、错误处理、调度处理、I/O 操作、各种 API、管理运维等，站在数据开发的角度，这些都不是必须掌握的。

本书还有一个特点，就是专门讲述了实时数据处理的流计算 SQL。笔者认为，未来的实时处理技术的事实标准将会是 SQL，实际上这也是正在发生的现实。

读者对象

本书主要适合于以下读者，包含：

❏ 大数据开发工程师
❏ 大数据架构师
❏ 数据科学家

❑ 数据分析师

❑ 算法工程师

❑ 业务分析师

❑ 其他对数据感兴趣的人员

如何阅读本书

本书内容分为三篇，共 12 章。

第一篇为**数据大图和数据平台大图**（第 1 章和第 2 章），主要站在全局的角度，基于数据、数据技术、数据相关从业者和角色、离线和实时数据平台架构等给出整体和大图形式的介绍。

第 1 章 站在数据的全局角度，对数据流程以及流程中涉及的主要数据技术进行介绍，还介绍了主要的数据从业者角色和他们的日常工作内容，使读者有个感性的认识。

第 2 章 是本书的纲领性章节，站在数据平台的角度，对离线和实时数据平台架构以及相关的各项技术进行介绍。同时给出数据技术的整体骨架，后续的各章将基于此骨架，具体详述各项技术。

第二篇为**离线数据开发：大数据开发的主战场**（第 3 ~ 7 章），离线数据是目前整个数据开发的根本和基础，也是目前数据开发的主战场。这一部分详细介绍离线数据处理的各种技术。

第 3 章 详细介绍离线数据处理的技术基础 Hadoop MapReduce 和 HDFS。本章主要从执行原理和过程方面介绍此项技术，是第 4 章和第 5 章的基础。

第 4 章 详细介绍 Hive。Hive 是目前离线数据处理的主要工具和技术。本章主要介绍 Hive 的概念、原理、架构，并以执行图解的方式详细介绍其执行过程和机制。

第 5 章 详细介绍 Hive 的优化技术，包括数据倾斜的概念、join 无关的优化技巧、join 相关的优化技巧，尤其是大表及其 join 操作可能的优化方案等。

第 6 章 详细介绍数据的维度建模技术，包括维度建模的各种概念、维度表和事实表的设计以及大数据时代对维度建模的改良和优化等。

第 7 章 主要以虚构的某全国连锁零售超市 FutureRetailer 为例介绍逻辑数据仓库的构建，包括数据仓库的逻辑架构、分层、开发和命名规范等，还介绍了数据湖的新数据架构。

第三篇为**实时数据开发：大数据开发的未来**（第 8 ~ 12 章），主要介绍实时数据处理的各项技术，包括 Storm、Spark Streaming、Flink、Beam 以及流计算 SQL 等。

第 8 章　详细介绍分布式流计算最早流行的 Storm 技术，包括原生 Storm 以及衍生的 Trident 框架。

第 9 章　主要介绍 Spark 生态的流数据处理解决方案 Spark Streaming，包括其基本原理介绍、基本 API、可靠性、性能调优、数据倾斜和反压机制等。

第 10 章　主要介绍流计算技术新贵 Flink 技术。Flink 兼顾数据处理的延迟与吞吐量，而且具有流计算框架应该具有的诸多数据特性，因此被广泛认可为下一代的流式处理引擎。

第 11 章　主要介绍 Google 力推的 Beam 技术。Beam 的设计目标就是统一离线批处理和实时流处理的编程范式，Beam 抽象出数据处理的通用处理范式 Beam Model，是流计算技术的核心和精华。

第 12 章　主要结合 Flink SQL 和阿里云 Stream SQL 介绍流计算 SQL，并以典型的几种实时开发场景为例进行实时数据开发实战。

勘误和支持

本书是笔者对大数据开发知识的"一孔之见"，囿于个人实践、经验以及时间关系，难免有偏颇和不足，书中也难免出现一些错误、不准确之处和个人的一些主观看法，恳请读者不吝赐教。你可以通过以下方式联系笔者。

❑ 微信号：yeshubert
❑ 微博：hubert_zhu
❑ 邮箱：493736841@qq.com

希望与大家共同交流、学习，共同促进数据技术和数据行业的发展，让数据发挥更大的价值。

致谢

首先非常感谢 Apache 基金会，在笔者撰写各个开源技术框架相关内容的过程中，Apache 官方文档提供了最全面、最深入、最准确的参考材料。

感谢互联网上无名的众多技术博客、文章撰写者，对于数据技术和生态的繁荣，我们所有人都是不可或缺的一分子。

感谢阿里巴巴公司智能服务事业部数据技术团队的全部同事，尤其薛奎、默岭、萧克、延春、钟雷、建帧、思民、宇轩、赛侠、紫豪、松坡、贾栩、丘少、茅客等，与他们的日常交流让我受益颇多。

感谢机械工业出版社华章策划编辑高婧雅，从选题到定稿再到本书的出版，她提供了非常专业的指导和帮助。

特别致谢

特别感谢我的妻子李灿萍和我们的女儿六一，你们永远是我的力量源泉。

同时感谢我的父母和岳父岳母，有了你们的诸多照顾和支持，我才有时间和精力去完成额外的写作。

谨以此书献给我的家人，以及直接或间接让数据发挥价值的所有朋友们！

朱松岭（邦中）

目 录 *Contents*

数据大图和数据平台大图

"不谋万世者，不足谋一时；不谋全局者，不足谋一域。"作为本书的开篇，本篇正是基于此考虑撰写的。本篇分为两章，主要站在全局的角度对数据、数据技术、数据相关从业者和角色、离线和实时数据平台架构等给出整体和大图形式的介绍。

本篇不会详细深入具体的各项数据技术内部，这些内容将交由第二篇和第三篇的各个具体章节来完成。

第1章为数据大图，主要从数据整体角度，结合数据从采集到消费的四大流程，对相关的数据技术和人进行介绍和刻画。

第2章为数据平台大图，主要从数据平台的角度对离线和实时数据平台架构以及相关的各项技术进行介绍。就业界数据平台的现状来讲，离线数据平台仍然是众多公司和组织的数据主战场，但是实时数据越来越重要，也越来越得到重视并被放在战略地位，可以说实时数据平台是数据平台的未来，未来也许将会颠覆离线数据平台。

第2章是本书的纲领，同时给出了数据技术的整体骨架，后续的第二篇和第三篇将基于此骨架，具体介绍各个数据开发技术和框架。

Chapter 1 第1章

数据大图

数据是原油，数据是生产资料，数据和技术驱动，人类正从 IT 时代走向 DT 时代，随着数据的战略性日渐得到认可，越来越多的公司、机构和组织，尤其是互联网公司，纷纷搭建了自己的数据平台。不管是基于开源技术自研、自建还是购买成熟的商业解决方案，不管是在私有的数据中心还是在公有云端，不管是自建团队还是服务外包，一个个数据平台纷纷被搭建，这些数据平台不但物理上承载了所有的数据资产，也成为数据开发工程师、数据分析师、算法工程师、业务分析人员和其他相关数据人员日常的工作平台和环境，可以说数据平台是一个公司、机构或组织内"看"数据和"用数据"的关键基础设施，已经像水电煤一样不可或缺，正是它们的存在才使得数据变现成为可能。

数据从产生到进入数据平台中被消费和使用，包含四大主要过程：数据产生、数据采集和传输、数据存储和管理以及数据应用，每个过程都需要很多相关数据技术支撑。了解这些关键环节和过程以及支撑它们的关键技术，对一个数据从业者来说，是基本的素养要求。因此本章首先对数据流程以及相应的主要数据技术进行介绍。

同时，本章也将介绍数据的主要从业者，包括平台开发运维工程师、数据开发工程师、数据分析师、算法工程师等，并对他们的基本工作职责和日常工作内容等进行介绍，使读者对数据相关的职位有基本的认识和了解。

1.1 数据流程

不管是时髦的大数据还是之前传统的数据仓库，不管是目前应用最为广泛的离线数据还是越来越得到重视的实时数据，其端到端流程都包含：数据产生、数据采集和传

输、数据存储处理、数据应用四大过程，具体的数据流程图及其包含的关键环节如图 1-1
所示。

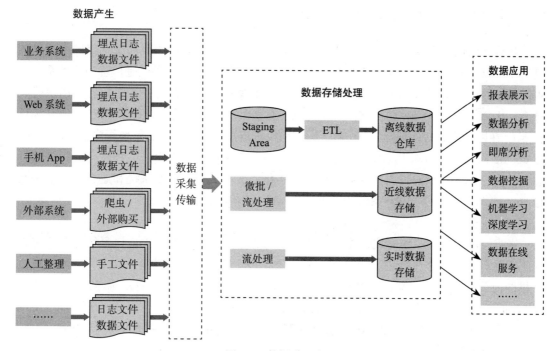

图 1-1　数据流程大图

下面详述图 1-1 所示的各个关键关节。

1.1.1　数据产生

数据产生是数据平台的源头，没有数据，所谓的大数据也无从谈起。所以首先要保证
有数据。

随着近年来互联网和移动互联网的蓬勃发展，数据已经无处不在，毫无疑问，这是一
个数据和信息爆炸的时代。所以，即使一个企业和个人没有数据，通过爬虫工具和系统的
帮助，也可以从互联网上爬取到各种各样的公开数据。但是更多的、高质量的数据是爬取
不到的，这些数据存在于各个公司、企业、政府机关和机构的系统内部。

1. 数据分类

根据源头系统的类型不同，我们可以把数据产生的来源分为以下几种。

（1）业务系统

业务系统指的是企业核心业务的或者企业内部人员使用的、保证企业正常运转的 IT 系
统，比如超市的 POS 销售系统、订单 / 库存 / 供应链管理的 ERP 系统、客户关系管理的
CRM 系统、财务系统、各种行政系统等。不管何种系统，后台的数据一般都存在后台数据

库内。早期的大部分数据主要来源于这些业务系统的数据库,管理人员和业务运营人员查看的数据报表等基本来源于此。即便是目前,企业的业务系统依然是大部分公司数据平台的主要数据来源,业务系统的数据通常是格式化和高质量的。

（2）Web 系统

随着互联网的发展,很多系统都变成了 Web 系统,即互联网或者局域网范围内通过浏览器就可以访问,而不是必须安装客户端软件才能访问的系统（这种就是传统的业务系统）。Web 系统也会有用于存储各种格式化数据的后台数据库,但除此之外,还有各种用户行为日志,比如用户通过何种途径访问了本网站（搜索引擎、直接输入 Web 网址、其他系统跳转等）,在网站内都有何种行为（访问了哪些网页、点击了哪些按钮、停留了多长时间）。通过 cookie 以及各种前端埋点技术,用户的这些行为都可以被记录下来,并保存到相应的日志文件内。Web 系统的日志文件通常是非格式化的文本文件。Web 系统和业务系统不是互相对立的,比如现在的 ERP 系统通常也支持 Web 和浏览器访问。

（3）手机 App

在当今的移动互联网时代,作为移动互联网的基础设施,手机 App 已经渗透到所有人的吃穿住行,毫不夸张地说,手机俨然称得上是一个身体的"新器官";另一方面,通过手机的内置传感器可以知道你是谁（指纹识别、虹膜识别、人脸识别）,你在哪里（GPS、WiFi 和移动网络）和你在干什么（吃穿住行 App）,当然移动 App 也会记录你在该 App 上的各种行为,比如你打开了几次 App、点击了哪些页面和使用了哪些功能。

（4）外部系统

很多企业除了自己内部的数据,还会通过爬虫工具与系统来爬取竞争对手的数据和其他各种公开的数据,此外企业有时也会购买外部的数据,以作为内部数据的有益补充。

（5）人工整理

尽管通过各种内部和外部系统可以获取到各种数据,但有些数据是无法直接由系统处理的,必须通过人工输入和整理才能得到,典型的例子是年代较久的各类凭证、记录等,通过 OCR 识别软件可以自动识别从而简化和加快这类工作。

以上从 IT 系统的类型介绍了数据产生的源头,从数据的本身特征,数据还可以分为以下几类。

（1）结构化数据

结构化数据的格式非常规范,典型的例子是数据库中的数据,这些数据有几个字段,每个字段的类型（数字、日期还是文本）和长度等都是非常明确的,这类数据通常比较容易管理维护,查询、分析和展示也最为容易和方便。

（2）半结构化数据

半结构化数据的格式较为规范,比如网站的日志文件。这类数据如果是固定格式的或者固定分隔符分隔的,解析会比较容易;如果字段数不固定、包含嵌套的数据、数据以 XML/JSON 等格式存储等,解析处理可能会相对比较麻烦和繁琐。

（3）非结构化数据

非结构化数据主要指非文本型的、没有标准格式的、无法直接处理的数据，典型代表为图片、语音、视频等，随着以深度学习为代表的图像处理技术和语音处理技术的进步，这类数据也越来越能得到处理，价值也越来越大（比如最近 Facebook 公布了他们基于深度学习技术的研究成果，目前已经可以初步识别图片中的内容并就图片内容标注标签）。通常进行数据存储时，数据平台仅存储这些图片、语音和视频的文件地址，实际文件则存放在文件系统上。

2. 数据埋点

后台数据库和日志文件一般只能够满足常规的统计分析，对于具体的产品和项目来说，一般还要根据项目的目标和分析需求进行针对性地"数据埋点"工作。所谓埋点，就是在额外的正常功能逻辑上添加针对性的统计逻辑，即期望的事件是否发生，发生后应该记录哪些信息，比如用户在当前页面是否用鼠标滚动页面、有关的页面区域是否曝光了、当前用户操作的时间是多少、停留时长多少，这些都需要前端工程师进行针对性地埋点才能满足有关的分析需求。

数据埋点工作一般由产品经理和分析师预先确定分析需求，然后由数据开发团队对接前端开发和后端开发来完成具体的埋点工作。

随着数据驱动产品理念和数据化运营等理念的日益深入，数据埋点已经深入产品的各个方面，变成产品开发中不可或缺的一环。数据埋点的技术也在飞速发展，也出现了一批专业的数据分析服务提供商（如国外的 Mixpanle 和国内的神策分析等），尽管这些公司提供专门的 SDK 可以通用化和简化数据埋点工作，但是很多时候在具体的产品和项目实践中，还是必须进行专门的前端埋点和后端埋点才可以满足数据分析与使用需求。

1.1.2 数据采集和传输

业务系统、Web 系统、手机 App 等产生的数据文件、日志文件和埋点日志等分散于各个系统与服务器上，必须通过数据采集传输工具和系统的帮助，才能汇总到一个集中的区域进行关联和分析。

在大数据时代，数据量的大当然重要，但更重要的是数据的关联，不同来源数据的结合往往能产生 1+1 ＞ 2 甚至 1+1 ＞ 10 的效果。另一个非常关键的点是数据的时效性，随着时间的流失，数据的价值会大打折扣，只有在最恰当的时间捕捉到用户的需求，才会是商机，否则只能是错失时机。试想一下，如果中午用户在搜索"西餐厅"，只有在这一刻对用户推送西餐厅推荐才是有效的，数分钟、数十分钟、数小时后的推送效果和价值将逐步递减。而实现这些必须借助于专业的数据采集传输工具和系统的帮助。

过去传统的数据采集和传输工具一般都是离线的，随着移动互联网的发展以及各种个性化推荐系统的兴起，实时的数据采集和传输工具越来越得到重视，可以毫不夸张地说，数据采集传输工具和系统已是大数据时代的关键基础设施。

数据产生的来源有很多，但是其物理存在表现形式主要为文本文件和数据库两种。理论上来说，数据采集和传输无非就是把一个地方的数据从源头复制到目的地，文本文件可直接复制，数据库也可以通过创建数据库连接直接拖数据，但是数据采集传输的挑战在于：数据可能分布在不同的数据中心，数据库也可能是分库分表的，而数据采集也不能对生产系统库有任何性能上的影响，最好也不需要产品开发、DBA 或系统管理员的过多介入，有时候还必须能够做到毫秒级的实时采集，而这些都必须借助专业的数据采集传输工具和系统才能完成，比如专业的数据采集传输工具不会通过建立数据库连接来采集数据，而会通过解析数据库日志来进行。[⊖] 在无须数据库 DBA、系统管理员和产品开发介入的情况下（只需要开通权限即可）高效地完成数据采集和同步的任务。

1.1.3 数据存储处理

数据采集同步后的数据是原始的和杂乱的，必须经过专门的清洗、关联、规范化和精心的组织建模，而且要通过数据质量检测后才能进行后续的数据分析或用于提供数据服务，而这就是数据平台构建的第三个关键关节——数据存储处理。大数据项目和数据平台构建的实践表明，数据存储处理通常占用整个项目至少 1/3 以上的时间，这一环节的设计是否合理、最终的数据是否稳定可靠、建模是否灵活可扩展直接决定后续数据应用的成败，也决定了整个数据平台项目的成败。

数据存储处理也是数据领域最为激动人心和百花齐放的领域，各种开源技术框架和创新层出不穷，但是万变不离其宗，根据下游数据使用方的时效性，我们可以把数据存储处理工具和技术分为离线处理、近线处理和实时处理，处理后的数据也相应地存储于离线数据仓库、近线数据存储区和实时数据存储区。

离线处理一般按天进行数据处理，每天凌晨等数据采集和同步的数据到位后，相关的数据处理任务会被按照预先设计的 ETL（抽取、转换、加载，一般用来泛指数据清洗、关联、规范化等数据处理过程）逻辑以及 ETL 任务之间的拓扑关系依次调用，最终的数据会被写入离线数据仓库中。离线数据仓库中的数据通常是按照某种建模思想（最常用的是维度建模思想）精心组织的，这样既可以使下游用户非常直观和方便地使用，又可以使数据处理过程很方便地扩展和修改。

从各个源头系统采集同步过来的离线数据，通常放在一个 Staging Area（暂存区，也叫登台区），进行便于后续的离线 ETL 处理。离线数据的存储处理技术发展已经比较成

⊖ 如 MySQL 的 BinLog，数据库日志包含了对数据库的所有变更信息，以二进制形式保存，包含了修改前和修改后的数据快照，主要用于数据库的备份和恢复。

熟，也有很多成熟的 ETL 工具、商业 / 开源数据仓库和解决方案[⊖]。这些商业或者开源的数据仓库工具和解决方案在数据量不是很大和解决结构化数据方面还是比较成功的，但是随着 Google 关于分布式计算三篇论文的发表内容主体分别是分布式文件系统 Google File System，分布式计算框架 MapReduce，分布式数据库 Bigtable）和基于 Google 三篇论文开源实现的 Hadoop 生态系统（分别对应 Google 三篇论文——HDFS，MapReduce，HBase）兴起，大数据时代真正到来，这些传统的商业和开源数据仓库工具与解决方案在成本及可扩展性方面的劣势日益显现，不仅仅是互联网公司，越来越多的传统公司也日渐转向基于 Hadoop 生态系统的数据仓库工具和解决方案。

大数据时代对于数据的使用已经不限于离线数据的分析，实时数据正变得越来越重要，而这必须借助专业的流计算工具和框架才能实现。目前最为流行和使用广泛的流计算框架是 Storm/ 类 Storm 的流处理框架和 Spark 生态的 Spark Streaming 等。国内外大厂在使用这些开源框架的同时，还结合自身的使用实践对这些流计算框架从不同层面进行改进和创新，如稳定性、可扩展性、性能等，但是笔者认为这其中最具革命性的是 SQL 抽象层的出现。SQL 抽象层使得实时开发用户不必写 Java 或者其他编程语言来开发实时处理逻辑，不但大大加快了实时开发的效率，而且大大降低了实时开发的门槛。通常，实时处理的结果会写入实时存储区（比如 HBase），以提供高可靠和高并发的实时数据服务，比如用户的实时画像和实时搜索请求，后续的个性化推荐系统或者智能处理程序直接访问此实时存储区就可以实现实时数据服务。

近线数据的时效性于离线（以"天"为单位）和实时（以毫秒 / 秒为单位）之间，比如最近 1 小时的数据或者最近 15 分钟的数据。近线数据兼有离线批次处理的便捷性和实时数据的时效性优势，通常是业务需求和技术可实现性折中的结果。近线数据可以通过提高离线任务调度频次来实现，但是必须有相关的数据采集同步工具提供近线数据源头的支持。

离线和在线以及近线的划分，是目前数据工业界的技术现状，但这样是合理的吗？为什么同样的业务逻辑必须用离线和在线两种技术分别实现？离线的批处理难道不是实时流处理的一种特例吗？离线的批处理和实时的流处理为什么不能实现融合（用一种技术来实现），同样的逻辑为什么要存在于离线和实时两个地方？2015 年和 2016 年以来涌现出来的 Apache Flink 和 Apache Beam 等就是同时针对流数据和批数据两者的分布式数据处理引擎，这些技术已经逐渐成熟并大量进入生产环境中使用，这些技术代表了未来大数据处理的方向。

1.1.4 数据应用

数据的精心埋点、海量离线数据同步和毫秒级的实时数据采集、繁琐的数据处理和精

⊖ 商业性的有微软的 SSIS 可视化 ETL 工具和 SQL Server 数据库，IBM 的 data stage 可视化 ETL 工具和 DB2 数据库，甲骨文的 PL/SQL 以及 Oracle 的数据库等；开源的有 Kettle 可视化 ETL 工具和开源的 MySQL 数据库等。

心的数据建模，这些都为数据使用奠定了坚实的基础，但是数据最终发挥价值依赖于数据应用环节。

数据应用最广泛的方式是"看"，比如决策层和管理人员定时查看的公司/部门业务日报、业务周报和业务月报，一线运营人员查看的运营指标和报表，分析师给业务决策和业务运营参考的数据分析报告，还有分析人员和业务人员不定时的即席分析等。这些数据报表帮助企业管理人员、产品和项目管理人员及一线运营人员定位企业、产品和项目中的问题、隐患和发力方向，并及早采取措施修正方向或者看到正确趋势后加大投入。可以毫不夸张地说，一个企业"看"数据的能力代表了这个企业的数据应用能力水平，也是其核心竞争力之一。

随着大数据时代和人工智能热潮的到来，数据已经不仅局限于"看"。Google 的超级搜索框、淘宝的"千人千面"个性化推荐系统、新闻聚合推荐 App 今日头条都代表着数据和算法结合的成功，也彰显着数据 + 算法的威力。借助数据挖掘、机器学习算法和深度学习算法以及在线数据服务等技术，数据已经成为在线生产系统的一部分。

1.2 数据技术

目前大数据相关的技术可以说是蓬勃发展、百花齐放，对于初入者来说，一个个响亮的名字，一个个眼花缭乱的框架，之前刚了解了一个，很快又跳出来一个，正如白居易的《钱塘湖春行》所言，真的是"乱花渐欲迷人眼"。

但是万变不离其宗，不管这些技术如何变化、名词如何新颖，它们都属于 1.1 节介绍的某个具体流程和环节，因此下面将结合前面所述的数据流程来介绍当前主要的数据技术和框架。

结合 1.1 节的数据流程图，当前大数据生态系统的主要开源技术和框架如图 1-2 所示。

图 1-2 当前大数据生态系统的主要开源技术和框架

出于篇幅和开源框架实际情况考虑，图 1-2 并没有列出所有数据相关的开源技术框架，比如 SQL on Hadoop 方面的技术还有很多（如 Cloudera Impala、Presto、Shark、Dremel 等），数据采集传输还有 Chukwa、RabbitMQ 等，数据存储还包含 Redis 缓存数据库以及 MySQL

等关系型数据库。此外，IBM、微软、Oracle、Informatica 等大公司的商业软件和技术尚不在此列。

但正是这些所有的数据技术一起构成了目前大数据的生态系统，各种技术你中有我，我中有你，互相借鉴，互相启发。实际上很多技术甚至其基本原理都是类似的，只是由于商业的、社区的或者甚至私人的各种原因，它们才独立出来。也许正是这样，才促成了目前大数据整个生态圈的繁荣和欣欣向上，正如一句诗所言："一花独放不是春，万紫千红春满园"。

下面逐一介绍图 1-2 中提到的各种技术。

1.2.1　数据采集传输主要技术

数据采集传输工具和技术主要分为两大类：离线批处理和实时数据采集和传输。顾名思义，离线批处理主要是批量一次性采集和导出数据。离线批处理目前比较有名和常用的工具是 Sqoop，下游的用户主要是离线数据处理平台（如 Hive 等）。实时数据采集和传输最为常用的则是 Flume 和 Kafka，其下游用户一般是实时流处理平台，如 Storm、Spark、Flink 等。

（1）Sqoop

Sqoop（发音：skup）作为一款开源的离线数据传输工具，主要用于 Hadoop（Hive）与传统数据库（MySQL、PostgreSQL 等）间的数据传递。它可以将一个关系型数据库（例如 MySQL、Oracle、PostgreSQL 等）中的数据导入 Hadoop 的 HDFS 中，也可以将 HDFS 的数据导入关系型数据库中。

Sqoop 项目开始于 2009 年，最早作为 Hadoop 的一个第三方模块存在，后来为了让使用者能够快速部署，也为了让开发人员能够更快速地迭代开发，独立为一个 Apache 项目。

（2）Flume

随着目前业务对实时数据需求的日益增长，实时数据的采集越来越受到重视，而目前这方面主流的开源框架就是 Flume，国内很多互联网公司也都是基于 Flume 搭建自己的实时日志采集平台。

Flume 是 Cloudera 提供的一个高可用、高可靠、分布式的海量日志采集、聚合和传输的系统，目前已经是 Apache 的顶级子项目。使用 Flume 可以收集诸如日志、时间等数据，并将这些数据资源集中存储起来供下游使用（尤其是流处理框架，例如 Storm）。和 Flume 类似的另一个框架是 Scribe（Facebook 开源的日志收集系统，它为日志的分布式收集、统一处理提供一个可扩展的、高容错的简单方案）。

（3）Kafka

通常来说 Flume 采集数据的速度和下游处理的速度通常不同步，因此实时平台架构都会用一个消息中间件来缓冲，而这方面最为流行和应用最为广泛的无疑是 Kafka。

Kafka 是由 LinkedIn 开发的一个分布式消息系统，以其可以水平扩展和高吞吐率而被广泛使用，目前主流的开源分布式处理系统（如 Storm 和 Spark 等）都支持与 Kafka 集成。

Kafka 是一个基于分布式的消息发布 – 订阅系统，特点是快速、可扩展且持久。与其他消息发布 – 订阅系统类似，Kafka 可在主题当中保存消息的信息。生产者向主题写入数据，消费者从主题读取数据。作为一个分布式的、分区的、低延迟的、冗余的日志提交服务，得益于其独特的设计，目前 Kafka 使用非常广泛。

和 Kafka 类似的消息中间件开源产品还包括 RabbitMQ、ActiveMQ、ZeroMQ 等。

1.2.2 数据处理主要技术

数据处理是数据开源技术最为百花齐放的领域，离线和准实时的工具主要包括 MapReduce、Hive 和 Spark，流处理的工具主要包含 Storm，还有最近较为火爆的 Flink、Beam 等。

（1）MapReduce

MapReduce 是 Google 公司的核心计算模型，它将运行于大规模集群上的复杂并行计算过程高度抽象为两个函数：map 和 reduce。MapReduce 最伟大之处在于其将处理大数据的能力赋予了普通开发人员，以至于开发人员即使不会任何的分布式编程知识，也能将自己的程序运行在分布式系统上处理海量数据。

MapReduce 是第 3 章的重点介绍内容，在此不做过多阐述，第 3 章中将会重点介绍其架构和原理等。

（2）Hive

MapReduce 将处理大数据的能力赋予了普通开发人员，而 Hive 进一步将处理和分析大数据的能力赋予了实际的数据使用人员（数据开发工程师、数据分析师、算法工程师和业务分析人员等）。

Hive 是由 Facebook 开发并贡献给 Hadoop 开源社区的，是一个建立在 Hadoop 体系结构上的一层 SQL 抽象。Hive 提供了一些对 Hadoop 文件中的数据集进行数据处理、查询和分析的工具，它支持类似于传统 RDBMS 的 SQL 语言的查询语言，以帮助那些熟悉 SQL 的用户处理和查询 Hadoop 中的数据，该查询语言称为 Hive QL（下文将用 Hive SQL 指代，因为其更为直观和便于理解）。Hive SQL 实际上先被 SQL 解析器解析，然后被 Hive 框架解析成一个 MapReduce 可执行计划，并按照该计划生成 MapReduce 任务后交给 Hadoop 集群处理。

Hive 目前仍然是包括国际大厂（如 Facebook 和国内 BAT）在内的互联网公司所使用的主流离线数据处理工具，详细内容参见第 4 章和第 5 章。

（3）Spark

尽管 MapReduce 和 Hive 能完成海量数据的大多数批处理工作，并且在大数据时代成为企业大数据处理的首选技术，但是其数据查询的延迟一直被诟病，而且也非常不适合迭代计算和 DAG（有向无环图）计算。由于 Spark 具有可伸缩、基于内存计算等特点，且可以直接读写 Hadoop 上任何格式的数据，较好地满足了数据即时查询和迭代分析的需求，因此变得越来越流行。

Spark 是 UC Berkeley AMP Lab（加州大学伯克利分校的 AMP 实验室）所开源的类 Hadoop MapReduce 的通用并行框架，它拥有 Hadoop MapReduce 所具有的优点。但不同于 MapReduce 的是，Job 中间输出结果可以保存在内存中，从而不再需要读写 HDFS，因此能更好地适用于数据挖掘与机器学习等需要迭代的 MapReduce 算法。

Spark 也提供类 Hive 的 SQL 接口（早期叫 Shark，现为 Spark SQL），来方便数据人员处理和分析数据。

此外，Spark 还有用于处理实时数据的流计算框架 Spark Streaming，其基本原理是将实时流数据分成小的时间片断（秒或者几百毫秒），以类似 Spark 离线批处理的方式来处理这小部分数据。

本书第 9 章将会专门介绍 Spark 和 Spark Streaming 技术。

（4）Storm

MapReduce、Hive 和 Spark 是离线和准实时数据处理的主要工具，而实时数据处理的开山鼻祖毫无疑问是 Storm。

Storm 是 Twitter 开源的一个类似于 Hadoop 的实时数据处理框架，它原来是由 BackType 开发，后 BackType 被 Twitter 收购后，Twitter 将 Storm 作为 Twitter 的主要实时数据处理系统并贡献给了开源社区。

Storm 对于实时计算的意义相当于 Hadoop 对于批处理的意义。Hadoop 提供了 Map 和 Reduce 原语，使对数据进行批处理变得非常简单和优美。同样，Storm 也对数据的实时计算提供了简单的 Spout 和 Bolt 原语。Storm 集群表面上看和 Hadoop 集群非常像，但在 Hadoop 上面运行的是 MapReduce 的 Job，而在 Storm 上面运行的是 Topology（拓扑），Storm 拓扑任务和 Hadoop MapReduce 任务一个非常关键的区别在于：1 个 MapReduce Job 最终会结束，而 1 个 Topology 永远运行（除非显式地杀掉它），所以实际上 Storm 等实时任务的资源使用相比离线 MapReduce 任务等要大很多，因为离线任务运行完就释放掉所使用的计算、内存等资源，而 Storm 等实时任务必须一直占用直到被显式地杀掉。

Storm 拥有低延迟、分布式、可扩展、高容错等特性，可以保证消息不丢失，目前 Storm、类 Storm 或者基于 Storm 抽象的框架技术是实时处理、流处理领域主要采用的技术。

（5）Flink

在数据处理领域，批处理任务与实时流计算任务一般被认为是两种不同的任务，一个数据项目一般会被设计为只能处理其中一种任务，例如 Storm 只支持流处理任务，而 MapReduce、Hive 只支持批处理任务。那么两者能够统一用一种技术框架来完成吗？批处理是流处理的特例吗？

Apache Flink 是一个同时面向分布式实时流处理和批量数据处理的开源计算平台，它能够基于同一个 Flink 运行时（Flink Runtime），提供支持流处理和批处理两种类型应用的功能。Flink 在实现流处理和批处理时，与传统的一些方案完全不同，它从另一个视角看待流处理和批处理，将二者统一起来。Flink 完全支持流处理，批处理被作为一种特殊的流处理，只是它的输入数据流被定义为有界的而已。基于同一个 Flink 运行时，Flink 分别提供了流处理和批处理 API，而这两种 API 也是实现上层面向流处理、批处理类型应用框架的基础。

（6）Beam

Google 开源的 Beam 在 Flink 基础上更进了一步，不但希望统一批处理和流处理，而且希望统一大数据处理范式和标准。Apache Beam 项目重点在于数据处理的编程范式和接口定义，并不涉及具体执行引擎的实现。Apache Beam 希望基于 Beam 开发的数据处理程序可以执行在任意的分布式计算引擎上！

Apache Beam（原名 Google Cloud DataFlow）是 Google 于 2016 年 2 月贡献给 Apache 基金会的 Apache 孵化项目，被认为是继 MapReduce、GFS 和 Bigtable 等之后，Google 在大数据处理领域对开源社区的又一个非常大的贡献。

Apache Beam 项目重点在于数据处理的编程范式和接口定义，并不涉及具体执行引擎（Runner）的实现。Apache Beam 主要由 Beam SDK 和 Beam Runner 组成，Beam SDK 定义了开发分布式数据处理任务业务逻辑的 API 接口，生成的分布式数据处理任务 Pipeline 交给具体的 Beam Runner 执行引擎。Apache Beam 目前支持的 API 是由 Java 语言实现的，Python 版本的 API 正在开发之中。Apache Beam 支持的底层执行引擎包括 Apache Flink、Apache Spark 以及 Google Cloud Platform，此外 Apache Storm、Apache Hadoop、Apache Gearpump 等执行引擎的支持也在讨论或开发当中。

1.2.3 数据存储主要技术

（1）HDFS

Hadoop Distributed File System，简称 HDFS，是一个分布式文件系统。它是谷歌的 Google File System（GFS）提出之后，Doug Cutting 受 Google 启发而开发的一种类 GFS 文件系统。它有一定高度的容错性，而且提供了高吞吐量的数据访问，非常适合大规模数据集上的应用。HDFS 提供了一个高容错性和高吞吐量的海量数据存储解决方案。

在 Hadoop 的整个架构中，HDFS 在 MapReduce 任务处理过程中提供了对文件操作和存储等的支持，MapReduce 在 HDFS 基础上实现了任务的分发、跟踪和执行等工作，并收集结果，两者相互作用，共同完成了 Hadoop 分布式集群的主要任务。

（2）HBase

HBase 是一种构建在 HDFS 之上的分布式、面向列族的存储系统。在需要实时读写并随机访问超大规模数据集等场景下，HBase 目前是市场上主流的技术选择。

HBase 技术来源于 Google 论文《Bigtable：一个结构化数据的分布式存储系统》。如同 Bigtable 利用了 Google File System 提供的分布式数据存储方式一样，HBase 在 HDFS 之上提供了类似于 Bigtable 的能力。HBase 解决了传统数据库的单点性能极限。实际上，传统的数据库解决方案，尤其是关系型数据库也可以通过复制和分区的方法来提高单点性能极限，但这些都是后知后觉的，安装和维护都非常复杂。而 HBase 从另一个角度处理伸缩性问题，即通过线性方式从下到上增加节点来进行扩展。

HBase 不是关系型数据库，也不支持 SQL，其中的表一般有这样的特点。

❏ **大**：一个表可以有上亿行、上百万列。

❏ **面向列**：面向列表（簇）的存储和权限控制，列（簇）独立检索。

❏ **稀疏**：为空（NULL）的列并不占用存储空间，因此表可以设计得非常稀疏。

❏ **无模式**：每一行都有一个可以排序的主键和任意多的列。列可以根据需要动态增加，同一张表中不同的行可以有截然不同的列。

❏ **数据多版本**：每个单元中的数据可以有多个版本，默认情况下，版本号自动分配，它是单元格插入时的时间戳。

❏ **数据类型单一**：HBase 中的数据都是字符串，没有类型。

1.2.4 数据应用主要技术

数据有很多种应用方式，如固定报表、即时分析、数据服务、数据分析、数据挖掘和机器学习等。下面挑选典型的即时分析 Drill 框架、数据分析 R 语言、机器学习 TensorFlow 框架进行介绍。

（1）Drill

Apache Drill 是一个开源实时大数据分布式查询引擎，目前已经成为 Apache 的顶级项目。

Drill 是开源版本的 Google Dremel。Dremel 是 Google 的"交互式"数据分析系统，可以组建成规模上千的集群，处理 PB 级别的数据。MapReduce 处理数据一般在分钟甚至小时级别，而 Dremel 将处理时间缩短到秒级，即 Drill 是对 MapReduce 的有力补充。Dremel 作为 Google BigQuery 的报表引擎，获得了很大的成功。

Drill 兼容 ANSI SQL 语法作为接口，支持对本地文件、HDFS、Hive、HBase、MongeDB 作为存储的数据查询，文件格式支持 Parquet、CSV、TSV 以及 JSON 这种无模式（schema-free）的数据。所有这些数据都可以像使用传统数据库的表查询一样进行快速实时查询。

Drill 于 2014 年年底成为 Apache 的顶级项目，旨在为基于 Hadoop 应用的开发者和 BI 分析人员的工作效率带来巨大提升。

（2）R 语言

R 是一种开源的数据分析解决方案，其实市面上也有很多优秀的统计和制图软件，如 Excel、SAS、SPSS 和 Stata 等。那么为什么 R 变得这么流行，成了很多数据分析师的主要工具呢？原因如下。

- **R 是自由软件**。这意味着它是完全免费的、开放源代码的。可以在官方网站及其镜像中下载任何有关的安装程序、源代码、程序包及其源代码、文档资料，标准的安装文件自身就带有许多模块和内嵌统计函数，安装好后可以直接实现许多常用的统计功能。
- **R 是一种可编程的语言**。作为一个开放的统计编程环境，R 语言的语法通俗易懂，而且目前大多数最新的统计方法和技术都可以在 R 中直接得到。
- **R 具有很强的互动性**。除了图形输出是在另外的窗口，它的输入/输出都是在同一个窗口进行的，输入语法中如果出现错误会马上在窗口中给出提示，对以前输入过的命令有记忆功能，可以随时再现、编辑、修改以满足用户的需要，输出的图形可以直接保存为 JPG、BMP、PNG 等图片格式，还可以直接保存为 PDF 文件。此外，R 与其他编程语言和数据库之间有很好的接口。

（3）TensorFlow

随着大数据时代和人工智能热潮的到来，数据已经不仅仅局限在"看"，数据和算法已经是生产系统的一部分，众多的开源机器学习平台和深度学习平台纷纷出现，而 TensorFlow 无疑是目前最为流行的一个。

TensorFlow 是一个非常灵活的框架，它能够运行在个人电脑或者服务器的单个/多个 CPU 和 GPU 上，甚至是移动设备上。TensorFlow 最早是 Google 大脑团队为了研究机器学习和深度神经网络而开发的，但后来发现这个系统足够通用，能够支持更加广泛的应用，于是将其开源。

TensorFlow 是基于数据流图的处理框架，TensorFlow 节点表示数学运算（mathematical operations），边表示运算节点之间的数据交互。TensorFlow 从字面意义上来讲有两层含义：第一层含义，Tensor 代表的是节点之间传递的数据，通常这个数据是一个多维度矩阵（multidimensional data arrays）或者一维向量；第二层含义，Flow 指的是数据流，形象理解就是数据按照流的形式进入数据运算图的各个节点。

1.3　数据相关从业者和角色

大数据时代，数据已经变为生产资料，但是数据真正从生产资料变成生产力变现必须借助专业数据人员的帮助。

下面结合数据流程图介绍数据相关的主要从业者和角色。

1.3.1　数据平台开发、运维工程师

数据的埋点、采集传输、存储处理，乃至后续的分析、挖掘、数据服务等都离不开专业平台和工具的支持。而这些正是数据平台开发工程师和数据平台运维工程师的职责。

数据平台开发工程师以及数据平台运维工程师负责开发并运维专门的埋点工具、专门

的数据同步工具、离线计算平台（如 Hadoop、Hive 等）、流计算平台（如 Storm、Spark、Flink 等）、数据存储工具和平台（如 HBase、MySQL、Redis 等），乃至分析师使用的数据分析平台和算法工程师使用的机器学习平台等。这些专业性的支撑平台是构建数据平台的基础设施，也直接关系着最终公司数据平台的成败、成本、效率和稳定性。

Hadoop、Hive、Spark、HBase、Kafka 以及近一两年的 Flink、Beam 等，诸多开源数据框架的出现让人眼花缭乱，但本书主要面对的是数据开发工程师。数据开发工程师应该了解这些技术，知道其后台原理和适用场合，然后合理利用这些技术，达到构建数据平台的目的。

大数据和云计算是相辅相成和自然的一体选择，随着企业越来越多的系统运行在云上，企业的各种数据也都存储于云上，基于云计算的大数据平台工具也自然而然地快速得到发展。主流的国内外云计算公司（如阿里云、亚马逊、微软、Google 等）都提供了云端的数据处理平台和工具。随着企业 IT 系统的上云，笔者认为未来云端的数据平台和工具将成为主流。

1.3.2　数据开发、运维工程师

数据开发、运维工程师是本书主要面对的对象，也是一般企业里构建数据平台的中坚力量。

- ❏ 数据开发工程师需要和产品经理、数据分析师沟通确定埋点需求，并具体对接前端开发工程师和后端开发工程师确定数据接口，从而将数据分析需求落地。
- ❏ 数据开发工程师需要根据离线数据、实时数据、近线数据的时效性要求，选择恰当的离线和实时数据同步工具来采集与同步数据。
- ❏ 数据开发工程师需要对采集和同步来的原始数据进行加工处理、合理数据建模并写入数据仓库中。
- ❏ 数据开发工程师需要设计开发实时流处理任务，提供实时数据指标并提供在线数据服务。
- ❏ 数据开发工程师必须严格保证数据加工的质量和数据的口径，确保下游看到的数据是高质量和一致的。
- ❏ 数据开发工程师也通常是数据咨询的集中点，数据是否能够拿得到？数据在哪里？数据口径如何？数据质量如何？
- ❏ 数据开发工程师向下对接数据平台工程师，向上对接数据分析工程师、算法工程师和业务人员，是使用数据的窗口和中枢。
- ❏ 数据开发工程师也是公司数据资产的管理者，保证数据被合理分级、组织、使用、安全保存和稳定可靠。

1.3.3　数据分析工程师

数据分析工程师是企业和公司"看"数据的主要窗口。随着数据化运营思想以及数据驱动产品开发的日益深入，数据分析工程师在一个公司或项目中的地位越来越重要。

数据分析工程师需要将公司的业务运营报表化，并抽取出关键运营指标给公司和部门管理人员做决策参考，以监控日常公司和部门的运营情况。

数据分析工程师也需要给产品的优化提供数据支持，并用数据验证产品经理的产品改进效果。

数据分析工程师是业务和数据的桥梁，数据分析工程师不但要了解数据，而且必须非常熟悉业务。此外，数据分析工程师还必须具有很强的表达能力和总结能力，能将关于业务的洞察以恰当的方式清晰明了地传递给决策人员、业务人员和产品人员，供决策和运营分析使用。

数据分析工程师也是数据开发工程师最为紧密的合作伙伴之一。

1.3.4 算法工程师

算法工程师使一个公司和企业应用数据的能力不局限在"看"和分析上，而是能够直接变现应用在生产系统和产品上。

比如 Google 的 PageRank 算法，正是有了 PageRank 算法的发明，才使得网页重要性排名变成可以工程化的现实，也才奠定了 Google 搜索引擎和 Google 公司的成功基础。

这样的例子还有很多，比如淘宝的"千人千面"个性化推荐系统，其中的推荐算法大大提高了用户的转化率，直接提高了整个网站的 GMV，也直接带来了经济效益，目前推荐系统已经成为绝大多数电子商务网站的标配，而这都离不开后台算法工程师的直接贡献。

并不是每个算法工程师都要发明算法，但他们需要熟悉常见的各种算法并了解其适用场合，需要查阅文献和论文，时刻关注业界进展，并将它们应用在业务实践中。

算法工程师必须具有一定的编程和工程能力，能够将构建的算法用代码实现，并在数据集上测试验证，然后根据效果进行相应的算法调整、参数调优等，如此反复，这就构成了算法工程师日常的主要工作。

1.3.5 业务人员

一个公司和部门的分析师人数是有限的，固定每日运行的报表也是有局限性的，业务人员经常发现自己的数据分析需求处于分析师排期甚至无法支持的境地，这个问题的最终解决方法是业务人员自己具备数据分析的能力。

随着自助式数据分析工具的日益成熟，人人都可以成为数据分析师！

从数据平台的角度来讲，数据平台团队应该提供自助式数据分析工具，赋能给每个业务接口人或者业务分析人员，因为业务团队才是最了解自己业务的，如果有了自助式分析工具的帮助并具备了一定的数据分析能力，对于业务人员来说，无疑是如虎添翼的。

1.4 本章小结

本章主要从整体上对数据进行了概述，包括数据从产生到消费的四大过程：数据产生、数据采集和传输、数据存储处理以及数据应用，每一个过程都涉及很多的技术、开源框架、工具和平台，比如离线的主要数据处理技术是基于 Hadoop MapReduce 的 Hive，而 Hive 是一种 SQL on Hadoop 的技术，但类似的 SQL on Hadoop 技术和框架还有很多，比如 Cloudera 的 Impala、Apache 的 Drill 以及 Presto 和 Shark 等，初学者应该以一种技术为主，辅助了解其他相关的技术，否则容易失去重点，从而不知所措。

本章还对数据从业者的各种角色进行了介绍，包括他们的主要职责以及日常工作内容等。

通过学习本章，读者应该对数据的概貌有了纲要性的认识，下一章将把这些流程、技术和角色整合起来，也就是构建数据平台！

Chapter 2 第 2 章

数据平台大图

什么是数据平台呢？或者更时髦点，什么是大数据平台呢？目前业界并没有对数据平台的精确定义，但通常所说的数据平台主要包含三部分。

❑ **数据相关的工具、产品和技术**：比如批量数据采集传输的 Sqoop、离线数据处理的 Hadoop 和 Hive、实时流处理的 Storm 和 Spark 以及数据分析的 R 等。

❑ **数据资产**：不仅包含公司业务本身产生和沉淀的数据，还包括公司运作产生的数据（如财务、行政），以及从外界购买、交换或者爬虫等而来的数据等。

❑ **数据管理**：有了数据工具，也有了数据资产，但是还必须对它们进行管理才能让数据产生最大价值并最小化风险，因此数据平台通常还包括数据管理的相关概念和技术，如数据仓库、数据建模、数据质量、数据规范、数据安全和元数据管理等。

上面是对数据平台逻辑范畴上的一个划分，实际上数据平台从数据处理的时效性角度通常还是分为离线数据平台和实时数据平台。

离线数据平台通常以天为典型的数据处理周期，数据延迟也是以天为单位。离线数据平台的数据应用主要以"看"为主，就目前业界的数据现状来看，离线数据平台还是数据平台的主战场。

但是随着大数据应用的日益深入以及人工智能浪潮的兴起，产品的智能化趋势越来越明显，数据的实时化、在线化也对数据平台的实时性提出了越来越高的要求，从刚开始的分钟级别延迟到目前的秒级甚至毫秒级延迟，实时数据平台越来越得到重视，挑战也越来越大，当然也变得越来越主流，随着 Spark、Flink、Beam 技术的发展，未来有一天也许将会颠覆离线数据平台的技术和架构。

本章将主要介绍数据平台，出于逻辑清晰以及技术相关性考虑，将主要从离线数据平台、实时数据平台以及数据管理三个方面来对数据平台相关的概念和技术进行介绍。

　　本章是后续各章技术的一个总览，因此请读者务必仔细阅读本章，确保对数据平台的整体架构和大图做到心中有数。后续各章将会聚焦在各个具体的技术上。

2.1　离线数据平台的架构、技术和设计

　　对于公司的管理者、一线业务人员来说，经常需要回答的问题是：当前和过去一个季度或者一个月的销售趋势如何？哪些商品热销？哪些商品销售不佳？哪些客户在买我们的产品？管理者和业务人员需要不停地监控这些业务指标，并有针对性地根据这些指标调整业务策略和打法，如此反复，形成闭环，这就是数据化运营的基本思路。

　　数据化运营的思想不仅体现在业务分析上，产品开发中数据驱动的思想也日益普及。通过埋点技术，用户的各种行为和路径等都能被捕获并保存下来，数据分析工程师和产品经理会多维度地分析用户的各种行为和路径，从而对产品的功能效果进行数据量化，并做出产品决策。

　　这类分析和"看"的需求正是离线数据平台所擅长的，这类分析性的需求，数据的时效性并不是强需求，当天的数据有了也好，即使没有，影响也不大，离线的数据技术和工具已经发展很多年了，开源的解决方案和商业性的解决方案也有很多，已经能够很成熟地解决此类问题。

　　离线数据平台是构建公司和企业数据平台的根本和基础，也是目前数据平台的主战场，因此先来介绍离线数据平台的有关核心概念和技术。

2.1.1　离线数据平台的整体架构

　　首先给出离线数据平台的整体架构大图（见图 2-1），使读者对离线数据平台有全局性的认识。

　　离线数据平台通常和 Hadoop、Hive、数据仓库、ETL、维度建模、数据公共层等联系在一起。

　　在大数据以及 Hadoop 没有出现之前，离线数据平台就是数据仓库，数据部门也就是数据仓库部门。即使在今天，在很多对数据相关概念和技术没有较多了解的人看来，数据部门还是数据仓库部门。

　　Hadoop 出现之前，数据仓库的主要处理技术是商业化数据库，比如微软的 SQL Server、甲骨文的 Oracle、IBM 的 DB2 等。随着大数据的兴起以及数据量的持续爆炸和指数级别增长，Hadoop 以及 MapReduce、Hive 等大数据处理技术才得到越来越广泛的应用和接受。

　　其实上面大图中的 Hadoop 模块也可以用商业化的工具替代，比如微软的 SQL Server、甲骨文的 Oracle 等关系数据库，也可以用 MPP 架构的 Teradata、HP Vertica、EMC Greenplum 等

分析性数据库（MPP 架构也是分布式的分析型数据库，但是和 Hadoop 相比，通常基于昂贵硬件而且不可线性扩展），实际上目前很多公司出于各种原因也正是采用这样的方案，但是从当前的技术现状以及未来的技术发展来看，笔者认为可线性扩展 Hadoop 或者类 Hadoop 方案将会是主流和发展方向，因此本文主要基于 Hadoop 来介绍离线数据平台。

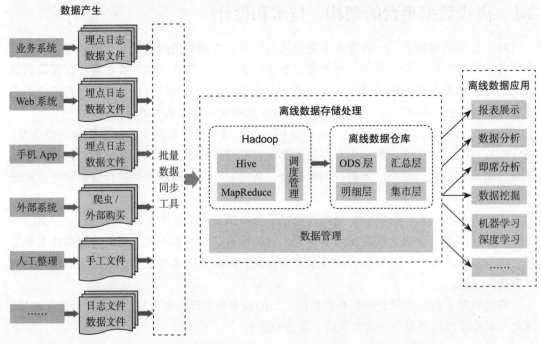

图 2-1 离线数据平台的整体架构大图

离线数据平台的另一个关键技术是数据的建模，目前采用最为广泛也最为大家认同的是维度建模技术。

此外，离线数据内容建设出于最佳实践，通常还会对精心加工后的数据进行分层（ODS 原始数据层、DWD 明细数据层、DWS 汇总层、ADS 集市数据层等），本章也将对此进行介绍。

2.1.2 数据仓库技术

离线数据平台是和数据仓库的产生和发展紧密联系在一起的，因此首先介绍数据仓库的有关概念。

1. OLTP 和 OLAP

数据仓库是随着数据分析的需求逐渐发展起来的，最初的数据分析和报表都是基于业务系统的数据库完成的，也就是 OLTP 数据库，如商业性的 Oracle、MS SQL Server 和开源的 MySQL 等关系数据库。

OLTP 的全称是 Online Transaction Processing，顾名思义，OLTP 数据库主要用来进行事务处理，比如新增一个订单、修改一个订单、查询一个订单和作废一个订单等。OLTP 数据库最核心的需求是单条记录的高效快速处理，索引技术、分库分表等最根本的诉求就是解决此问题。

而这个和数据分析的需求是天然相反的，数据分析通常需要访问大量的数据，单条数据的分析没有任何意义。数据分析不仅需要访问大量的数据，还要对其进行频繁的统计和查询，很快数据库管理员发现这些统计分析请求占用了大量数据库的资源，已经严重到影响生产系统的性能。于是隔离这些数据分析请求到单独的备库或者完全复制一个新的数据库供数据分析人员使用是自然而然的选择。

解决了对生产库的影响问题后，OLTP 数据库管理员很快发现备库和复制库还是不能满足数据分析人员的需求，尤其是在性能方面。大量的数据访问通常需要全表扫描，频繁而且通常又是并发地全表扫描会造成 OLTP 数据库响应异常缓慢甚至宕机，必须有新的理论支撑和技术突破才能够满足这些分析请求。

于是 OLAP 数据库应运而生，它是专门的分析型数据库，是为了满足分析人员的统计分析需求而发展起来的。

OLAP 数据库本身就能够处理和统计大量的数据，而且不像 OLTP 数据库需要考虑数据的增删改查和并发锁控制等。OLAP 数据一般只需要处理数据查询请求，数据都是批量导入的，因此通过列存储、列压缩和位图索引等技术可以大大加快响应请求的速度。

OLTP 和 OLAP 数据库的简单对比见表 2-1，最核心的还是 OLTP 专注于单条记录的处理，而 OLAP 专注于满足分析人员大量数据的分析和统计。

表 2-1 OLTP 和 OLAP 数据库的简单对比

对比项	OLTP	OLAP
用户	操作人员、一线管理人员	分析决策人员、高级管理人员
功能	日常操作	分析决策
读写	一般读写数条记录	一次读取大量记录
用户数	面向外部的用户数上亿都可能、面向内部的系统用户数一般有限	一般面向内部，几十个抑或上千个，取决于公司规模大小
DB 大小	一般不存储历史数据，MB、GB 级别	包含历史数据，GB、TB、PB 级别
响应时间	毫秒级	秒、分钟甚至小时
DB 设计	面向应用	面向主题
事务支持	必须支持	没必要，不支持
数据	当前应用的、最新的数据	历史的、聚集的、多维、集成、统一的数据

2. 分析型数据库

专门分析型数据库的出现标志着数据仓库由学术和概念阶段正式进入工业实用阶段。国际大厂也纷纷推出了商业性的 MPP 或者类 MPP 架构的数据仓库产品，有代表性的为 Oracle Exadata、天睿公司的 Teradata、IBM 收购的 Netezza、EMC 公司的 Greenplum、惠普公司的 HP Vertica 等。其中的领导者为 Teradata，Teradata 数据仓库在企业级数据仓库市场尤其金融、电信等中占有绝对的优势，也是最为高端、稳定和成熟的数据仓库产品。

这些国际大厂不仅仅提供数据仓库软件和数据库，随着企业对数据和数据分析的日益重视，相关的 IT 预算越来越大，一站式解决方案和产品"一体机"应运而生。一体机不仅包含数据仓库软件，还包含配套的服务器、存储设备、操作系统和高速网络交换设备等。一体机是软硬件一体化的解决方案型产品，可以做到开箱即用和一键部署。

数据仓库产品面对的主要是分析师和业务分析人员对大数据集的统计和聚合操作，其架构、设计和原理和传统数据库产品（OLTP 数据库）截然不同。通常来说，数据仓库产品一定是分布式的，但是其和 OLTP 数据库的分布式要解决的问题有着明显的不同。OLTP 数据库的分布式（如分库分表等技术）主要是为了解决海量单条数据请求的压力，其主要目的是把所有用户请求均匀分布到每个节点上，而 OLTP 的分布式是将用户单次对大数据集的请求任务分配到各个节点上独立计算然后再进行汇总返回给用户。

此外，OLAP 数据库一般采用列式存储，而 OLTP 通常采用行式存储。所谓列式存储就是将表的每列一列一列地存储在一起，而不是像行存储一样按行把所有字段存储在一起。对于数据库表来说，列的类型是固定的，所以列存储可以很容易采用高压缩比的算法进行压缩和解压缩，磁盘的 I/O 会大大减少。列存储非常适合大数据量统计查询的应用场景，因为分析统计常常是针对某列或某些列的，列存储的数据库产品只需读出对应列并处理即可，而不是读出整个表的所有行进行处理。

3. Hadoop 数据仓库

在 Hadoop 出现以前及其还不太成熟和完善的阶段，商业性的数据仓库产品（如 Oracle Exadata、天睿公司的 Teradata、微软的 SQL Server、IBM 的 Netezza、EMC 公司的 Greenplum、惠普公司的 HP Vertica 等）在企业数据分析和数据仓库领域占据了主导地位。但是随着这些年 Hadoop 的完善和 Hadoop 生态系统的崛起，短短几年间，基于 Hadoop 的数据仓库已经完全占据了主赛道，尤其是在互联网公司内，基于 Hadoop 的数据仓库基本是标配。

Hadoop 的内在技术基因决定了基于 Hadoop 的数据仓库方案（目前主要是 Hive）非常容易扩展（可以很容易地增加节点，把数据处理能力从 GB、TB 扩展 PB 甚至 EB），成本也非常低廉（不用商业昂贵的服务器和存储，只需要普通的硬件即可，Hadoop 框架会进行容错处理），这两点也是 Hadoop 在互联网公司内日益流行的关键因素。试想一下，如果腾讯、阿里巴巴、百度把它们海量的数据存储在商业性的数据仓库产品（如 Teradata、Oracle、MS SQL Server）内，首先不论这些商业性的数据仓库产品技术上是否能够支持，但是费用和成本就是一笔非常大的开销，还不论因数据量增大需要商业数据产品增加节点所带来的管理和维护开销。实际上，国外的 Facebook 和国内的 BAT 初始也是基于商业的数据仓库解决方案来建设数据仓库的，后来它们无一不转向了基于 Hadoop 和类 Hadoop 的数据仓库解决方案。

基于 Hadoop 的数据仓库解决方案，尤其是 Hive，面临最大的挑战是数据查询延迟（Hive 的延迟一般是在分钟级，取决于 Hive SQL 的复杂度和要处理的工作量，很多时候甚至需要运行几个小时。当然，对于简单的以及小数据量的 Hive SQL，也可能几秒钟就返回结果）。由于 Hive 是翻译为 MapReduce 任务后在 Hadoop 集群执行的，而 Hadoop 是一个批处理系统，所以 Hive SQL 是高延迟的，不但翻译成的 MapReduce 任务执行延迟高，任务提交和处理过程中也会消耗时间。因此，即使 Hive 处理的数据集非常小（比如几 MB），在执行时也会出现延迟现象。但是相比其根植于 Hadoop 的近似线性的可扩展性、低廉的成本和内在容错等特性，这些都不是问题，都是随着技术的发展可以完善和解决的，或者业务可以承受的。

大数据和云计算是未来，未来的业务系统也都会执行在云端，不管是私有云、公有云或者混合云。云端也决定了未来的架构肯定是分布式的，能够近似线性扩展的，基于此，笔者认为基于 Hadoop 和类 Hadoop 的数据仓库解决方案未来将会成为主流和标配，不管是对于互联网公司来说，还是传统企业来说。

2.1.3　数据仓库建模技术

上一节介绍了搭建数据仓库的三种主要方式：在传统 OLTP 数据库中搭建（如 Oracle、MS SQL Server 等）、在商业性数据仓库产品中搭建（如 MPP 架构的 Teradata 等）还有基于 Hadoop 来搭建等，但是不管在哪里搭建都面临这样的问题，例如，怎么组织数据仓库中的数据？怎么组织才能使得数据的使用最为方便和便捷？怎么组织才能使得数据仓库具有良好的可扩展性和可维护性？

从数据仓库概念诞生以来，在数据仓库领域，存在两种得到广泛认可的方法来构建数据仓库。这两派的代表人物分别是 Bill Inmon 和 Ralph Kimball，Bill Inmon 被称为"数据仓库之父"，而 Ralph Kimball 被称为"商业智能之父"，他们的观点主要公开发表于以下两本经典著作《The Data Warehouse Toolkit》（由 Ralph Kimball 和 Margy Ross 合著）和《Corporate Information Factory》（由 Bill Inmon、Claudia Imhoff 和 Ryan Sousa 合著）。

从这两种观点诞生以来，围绕"哪种架构最佳"的争论一致没有休止，人们各抒己见，但是一直无法形成统一的结论，就像"哪种编程语言是最佳的编程语言"一样，这可以称为数据仓库领域的"宗教战争"。本书并不打算给出一个结论，但是将会详细介绍这两种架构并进行对比，供用户在不同的场合、针对不同的应用场景选择某个方法或者采用混合两者的方法。

1. Ralph Kimball 建模方法论

Kimball 对数据仓库的理论贡献都与维度设计和建模有关。维度建模将客观世界分为度量和上下文。度量是由机构的业务过程以及支持它们的源系统来捕捉的，常以数值形式（如订单金额、库存数量等）出现，维度建模理论称它为事实；事实由大量文本形式的上下文包围着，而且这些上下文常被直观地分割成多个独立的逻辑块，维度建模称之为维，维描述了度量的 5 个 W（When、Where、What、Who 和 Why）信息，比如什么时间下单、何种方式下单、买的什么、客户是谁等。

利用维度建模理论建模的 Kimball 数据仓库常以星形架构来呈现，如图 2-2 所示，在星形架构中间的是事实表，事实表周围的则是各个角度的维度表。

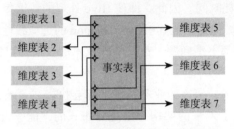

图 2-2　Kimball 维度建模的星形架构

在维度建模中，由于星形模式紧贴业务过程，非常直观和符合业务人员的视角，因此被广泛和大量使用，星形模式也是 Kimball 对数据仓库建模的一大贡献。

Kimball 对数据仓库建模理论的第二大贡献是基于维度的"总线体系架构"。实际项目中，企业的业务过程通常是多样性和复杂的，存在于多个业务主题，总线体系架构和一致性维度一起保证了多个主题的事实表和维度表能够最终集成在一起，提供一致和唯一的口径给业务人员。

采用 Kimball 建模理论的数据仓库体系架构如图 2-3 所示。

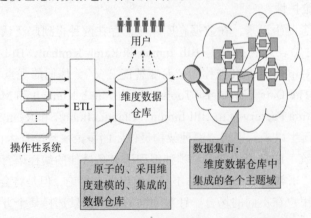

图 2-3　采用 Kimball 建模理论的数据仓库体系架构

可以看出，Kimball 维度建模的主题以星形架构为主，主题和主题之间则用一致性维度和企业总线体系架构来保证数据仓库的集成和一致性。

2. Bill Inmon 建模方法论

在数据仓库领域，Bill Inmon 是第一个提出来 OLAP 和数据仓库概念的人，所以被称为

"数据仓库之父"。Bill Inmon 撰写了大量介绍其数据仓库方法的文章，他认为数据仓库是"在企业管理和决策中面向主题的、集成的、与时间相关的、不可修改的数据集合"，与其他数据库应用不同的是，数据仓库更像一种过程，对分布在企业内部各处的业务数据的整合、加工和分析的过程，而不是一种可以购买的产品，这就是他所说的"企业信息化工厂"。

图 2-4 描述了 Bill Inmon 建模理论的企业级数据仓库体系架构。

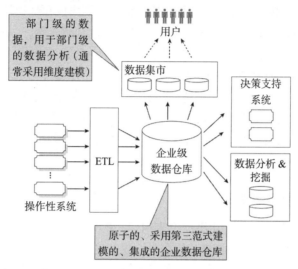

图 2-4　采用 Bill Inmon 建模理论的企业级数据仓库体系架构

Inmon 的企业信息化工厂包括源头系统、准备区、ETL、企业数据仓库、数据集市等，而企业数据仓库是企业信息化工厂的枢纽。不同于 Kimball，Inmon 认为企业数据仓库应为原子数据的集成仓库，应该用第三范式和 ER 理论而非维度建模的事实表和维度表来建模。

Inmon 的企业信息化工厂涉及了"数据集市"的概念，所谓"集市"，就是部门级的数据仓库。对于数据集市来说，Inmon 主张从企业数据仓库中提取所需要的数据，从而保证数据的一致性。这样带来的问题是必须先有企业数据仓库才可能开始建立部门级的数据集市，这是 Inmon 数据仓库架构和 Kimball 数据仓库架构的第二个主要不同。同时，Inmon 也认为应该用 Kimball 的维度建模理论来构建数据集市。

3. 数据仓库建模实践

从上述对两者数据架构的介绍可以看出，Inmon 的方法是一种由上而下（top-down）的数据仓库构建方法，其主张首先要对企业数据仓库进行总体规划，并将不同的 OLTP 数据集中到面向主题、集成的、不易失的和时间变化的企业数据仓库中。数据集市应该是数据仓库的子集，每个数据集市都是为独立部门专门设计的。

Kimball 方法则相反，其是自下向上的（down-top）。Kimball 认为数据仓库是一系列数据集市的集合，企业可以通过一致性的维度表和"企业总线架构"来递增式集成各个数据集市，从而构建整个企业的数据仓库。

一句话总结它们的区别。

Kimball：let people build what they want when they want it，we will integrate them it all when and if we need to.

Inmon：don't do anything until you have designed everything.

Inmon 的方法部署和开发周期较长，但是容易维护而且高度集成；而 Kimball 的方法可以迅速响应业务需求，快速构建一个数据仓库，但是后期集成和维护较为麻烦。

没有绝对的对与错，只有不同阶段和不同场景下的利弊权衡。一般来说，在项目早期和互联网领域，Kimball 的方法更为实用和接地气，因为需求变化快，成效要求快，投资回报快。如果使用 Inmon 的方法，也许永远设计不出一个企业数据仓库，因为业务一直在变，系统一直在变，数据一直在变，这种情况下，可以用 Kimball 的方法先建立数据集市，而后根据业务的进展再沉淀出企业数据仓库。而对于项目中后期或者其业务基本不变、不需要对短期投资回报率有很高要求的情况下，可以先设计企业数据仓库，而后建立各个业务部门的数据集市。

2.1.4　数据仓库逻辑架构设计

离线数据仓库通常基于维度建模理论来构建，但是除此之外，离线数据仓库通常还会从逻辑上进行分层。数据仓库的逻辑分层也是业界的最佳实践。

离线数据仓库的逻辑分层主要是出于如下考虑。

❑ **隔离性**：用户使用的应该是数据团队精心加工后的数据，而不是来自于业务系统的原始数据。这样做的好处之一是，用户使用的是精心准备过的、规范的、干净的、从业务视角的数据，非常容易理解和使用。好处之二是，如果上游业务系统发生变更甚至重构（比如表结构、字段、业务含义等），数据团队会负责处理所有这些变化，最小化对下游用户的影响。

❑ **性能和可维护性**：专业的人做专业的事，数据分层使得数据的加工基本都在数据团队，从而相同的业务逻辑不用重复执行，节省了相应的存储和计算开销，毕竟大数据也不是没有代价的。此外，数据的分层也使得数据仓库的维护变得清晰和便捷，每层只负责各自的任务，某层的数据加工出现问题，只需修复该层即可。

❑ **规范性**：对于一个公司和组织来说，数据的口径非常重要，大家谈论一个指标的时候，必须基于一个明确的、公认的口径，此外表、字段以及指标等也必须进行规范。

数据仓库一般分为如下几层。

❑ **ODS 层**：数据仓库源头系统的数据表通常会原封不动地存储一份，这称为 ODS（Operation Data Store）层，ODS 层也经常会被称为准备区（staging area），它们是后续数据仓库层（即基于 Kimball 维度建模生成的事实表和维度表层，以及基于这些事实表和明细表加工的汇总层数据）加工数据的来源，同时 ODS 层也存储着历史的增量数量或者全量数据。

❑ DWD 和 DWS 层：数据仓库明细层（Data Warehouse Detail，DWD）和数据仓库汇总层（Data Warehouse Summary，DWS）是数据平台的主体内容。DWD 和 DWS 层的数据是 ODS 层数据经过 ETL 清洗、转换、加载生成的，而且它们通常都是基于 Kimball 的维度建模理论来构建的，并通过一致性维度和数据总线来保证各个子主题的维度一致性。

❑ 应用层（ADS）：应用层主要是各个业务方或者部门基于 DWD 和 DWS 建立的数据集市（Data Mart，以下简称 DM），数据集市 DM 是相对于 DWD 和 DWS 的数据仓库（Data Warehouse，以下简称 DW）来说的。一般来说，应用层的数据来源于 DW 层，但原则上不允许直接访问 ODS 层的。此外，相比 DW 层，应用层只包含部门或者业务方自己关心的明细层和汇总层数据。

采用上述 ODS 层→ DW 层→应用层的数据仓库逻辑分层架构如图 2-5 所示。

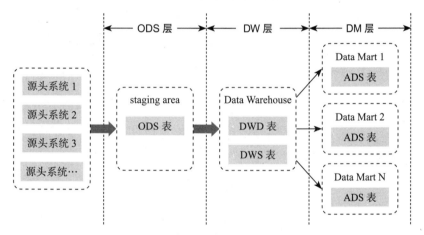

图 2-5　数据仓库逻辑分层架构

2.2　实时数据平台的架构、技术和设计

离线数据平台产出数据的周期一般是天，也就是说，今天看到的是昨天的数据，对于大部分的分析和"看"数据的场景来说，这种 T+1 的离线数据可以满足业务分析的需求，但是随着业务运营日渐精细化，对数据的时效性要求越来越高，越来越多的业务场景需要马上看到业务效果，尤其是在业务促销活动等（典型的如双 11 大促、618 大促等）场景下。

更重要的是，随着人工智能浪潮的兴起，实时的数据已经不是最好，而是必须。数据也不仅仅在分析和"看"，而是和算法一起成为生产业务系统的一部分。

大数据和人工智能是天然的一对最佳搭档，尤其是在实时数据方面。对于很多场景来说，实时数据训练的算法效果和离线数据训练的算法效果有着天壤之别，实时数据训练得到的算法用到的数据就是算法正式上线后输入的数据，因此准确性有保障，是算法工程师和业务的首选。

而所有这些都必须借助于实时数据平台。

实时数据平台近两年越来越得到重视，尽管某些方面还不够成熟，但是技术发展非常迅速。实时数据平台和相关技术未来有可能颠覆离线的数据平台和技术，尤其是在数据处理方面，当然这一切还需时间来校验。

2.2.1 实时数据平台的整体架构

和离线数据平台一样，这里也首先给出实时数据平台的整体架构大图（见图 2-6），使读者对实时数据平台有全局性的认识和了解。

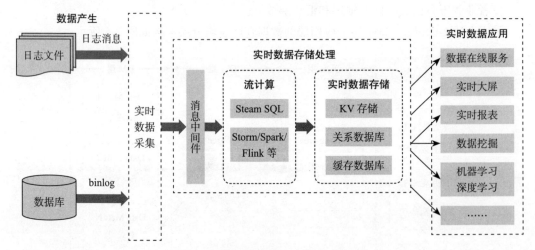

图 2-6　实时数据平台的整体架构大图

实时数据平台的支撑技术主要包含四个方面：实时数据采集（如 Flume），消息中间件（如 Kafka）、流计算框架（如 Strom、Spark、Flink 和 Beam 等），以及实时数据存储（如列族存储的 HBase）。目前主流的实时数据平台也都是基于这四个方面相关的技术搭建的。

实时数据平台首先要保证数据来源的实时性。数据来源通常可以分为两类：数据库和日志文件。对于前者，业界的最佳实践并不是直接访问数据库抽取数据，而是会直接采集数据库变更日志[⊖]。

数据采集工具（如 Flume）采集的 binlog 事件，其产生速度和频率通常取决于源头系统。它和下游的实时数据处理工具（比如 Storm、Spark、Flink 等流计算框架和平台）处理数据的速度通常是不匹配的。另外，实时数据处理通常还会有从某历史时间点重启以及多个实时任务都要使用同一源头数据的需求，因此通常还会引入消息中间件来作为缓冲，从而达到实时数据采集和处理的适配。

⊖　对于 MySQL 来说就是 binlog，它是 MySQL 的数据库变更日志，包括数据变化前和变化后的状态。

实时数据处理通常采用某种流计算处理框架，目前使用最为广泛的是 Storm（不仅指原生 Storm，还包含其他类 Storm 框架如 JStorm、Storm Trident 等）、Spark 和 Flink 等。

实时数据存储根据下游数据使用的不同方式通常放在不同的数据存储内。对于数据在线服务（即数据使用方传入某个业务 ID，然后获取到所有此 ID 的相关字段），通常放在 HBase 内。对于实时数据大屏，通常放在某种关系数据库（如 MySQL）内，有时为了提高性能并减轻对底层数据库的压力，还会使用缓存数据库（如 Redis）等。

实时数据平台最为核心的技术是流计算，因此下面重点介绍流计算的概念和技术。

2.2.2　流计算技术

流计算的开始流行和被大家所接受始于 2011 年左右诞生的 Storm。Storm 作为"实时的 Hadoop"迅速被大家所知并接受。

那么，什么是流计算呢？它和离线批量处理又有哪些区别呢？

不同于离线批处理（如 Hadoop MapReduce），流计算有着下面典型的特征。

- ❏ **无边界**：流计算的数据源头是源源不断的，就像河水一样不停地流过来，相应地，流计算任务也需要始终运行。
- ❏ **触发**：不同于 Hadoop 离线任务是定时调度触发，流计算任务的每次计算是由源头数据触发的。触发是流计算一个非常重要的概念，在某些业务场景下，触发消息的逻辑比较复杂，对流计算挑战很大。
- ❏ **延迟**：很显然，流计算必须能够高效地、迅速地处理数据。不同于离线 Hadoop 任务至少以分钟甚至小时计的处理延迟，流计算的延迟通常在秒甚至毫秒级，分钟级别的延迟只在有些特殊情况下才被接受。
- ❏ **历史数据**：Hadoop 离线任务如果发现历史某天的数据有问题，通常很容易修复问题而且重运行任务，但是对于流计算任务来说基本不可能或者代价非常大，因为首先实时流消息通常不会保存很久（一般几天），而且保存历史的完全现场基本不可能，所以实时流计算一般只能从问题发现的时刻修复数据，历史数据是无法通过流式方式来补的。

从根源上讲，流计算的实现机制目前有两种处理方式：一种是模仿离线的批处理方式，也就是采用微批处理（即 mini batch）。微批处理带来了吞吐量的提升，但是相应的数据延迟也会增大，基本在秒级和分钟级，典型的技术是 Spark Streaming。另一种是原生的消息数据，即处理单位是单条数据，早期原生的流计算技术延迟低（一般在几十毫秒），但是数据吞吐量有限，典型的是原生的 Storm 框架，但是随着 Flink 等技术的产生和发展，吞吐量也不再是问题。

2.2.3　主要流计算开源框架

Storm 是最早的流计算技术和框架，也是目前最广为所知的实时数据处理技术，但是实际上还有其他的开源流计算技术,如 Storm Trident、Spark Streaming、Samza、Flink、Beam 等,商业性的技术还有 Google MillWheel 和亚马逊的 Kinesis 等。

除了这些五花八门的技术,流计算的另一个趋势是开发语言不停向声明式语言尤其是流计算 SQL 的发展。

本章将不会深入上述具体的流计算技术,这些任务将在后续各章节中完成,但是这里将尝试介绍这些技术的发展脉络及其各自的特点。很多时候,技术平台和框架都已经选定,也就是说,一个数据开发人员,其实际工作的实时流计算技术可能已被选定,可能是上述技术其中的一种,但是作为一个合格的数据开发人员,还需要了解其他流计算技术及其优缺点和适用场景等,做到心中有数。

假设一个公司要选择某种流计算技术,那么需要考虑哪些方面呢?从实际的项目实践来看,需要考虑如下几个方面。

- **技术成熟度**:即该流计算框架在工业界的实际应用情况;该技术有没有在生产环境和大数据量、大集群环境下得到验证;有无现成经验和解决方案可供参考;一旦出现问题,能否快速利用别人的经验快速解决。
- **性能**:该技术是否能够抗住现有的业务数据量,预留空间是多少,实时延迟是否能够满足现有的业务要求。比如,基于微批处理的框架延迟至少在秒级,而原生的流处理框架可以到几十毫秒。
- **开发难度和速度**:该技术是否提供高级的 API,还是必须都从底层 API 构建业务逻辑;底层 API 处理灵活,但是对开发人员的技能要求比较高,而且通常耗时较长,高级 API(比如流计算 SQL)的开发效率非常高,而且门槛低,但某些场景下 SQL 无法表述,实际项目中需要综合考虑。
- **可维护性**:具体在流计算框架下,主要体现在状态管理和容错性方面,比如任务失败了、需要调优或者业务逻辑更改升级了,需要暂停和重启任务,流计算框架应该支持从上一个状态中恢复。
- **可靠性**:流计算的可靠性主要体现在流计算框架对 at least once 和 exactly once 的支持。at least once 意味着每条消息会进行多次传输尝试,至少一次成功,即消息传输可能重复但不会丢失;exactly once 的消息传输机制是每条消息有且只有一次,即消息传输既不会丢失也不会重复。

下面从上述这些方面分别对主流的流计算框架进行介绍。

1. Storm

Apache Storm 是大批量流式数据处理的先锋,在 Storm 初期的宣传中被称为"实时的 Hadoop"。Storm 或者类 Storm 的流计算框架也是目前应用最为广泛和最流行的,目前国内主要的互联网公司最初基本都基于 Storm 搭建了自己的实时数据平台。

Storm 是原生的流计算框架,数据一条一条被处理,所以其数据延迟可以非常低,基本在 100ms 之内，调优的情况下甚至可以到 10ms。但是相应地，代价就是处理性能，原生 Storm 的数据吞吐量一般，而且它不提供高级 API，也不支持状态的管理。数据可靠性方面，Storm 不支持 exactly once 的处理，只支持实时消息的 at least once 处理。

2. Storm Trident

正是由于原生 Storm 的上述缺点，导致了 Trident 的出现。Trident 是对原生 Storm 的一个更高层次的抽象，其最大的特点是以 mini batch 的形式进行流处理。同时，Trident 简化 topology 构建过程，增加了窗口操作、聚合操作或者状态管理等高级操作 API。对应于 Storm 提供的 at most once 可靠性，Trident 还支持 exactly once 可靠性。

但是微批处理引入、状态管理等的支持也带来了 Trident 数据延迟的增加，目前基于微批处理的流计算框架的延迟至少是在秒级，有些情况下甚至要到分钟级。

3. Spark Streaming

Spark 也是目前业界比较受欢迎也比较流行的实时数据处理方案，尤其对于采用 Spark 生态作为数据平台解决方案的公司或者组织来说。

从本质上讲，Spark Streaming 也是基于微批处理的流计算框架，即它将源头数据分成很小的批并以类似于离线 batch 的方式来处理这小部分数据。不同于 Storm Trident 的是，Spark Streaming 微批处理框架底层依赖于 Spark Core 的 RDD 实现。

如果实时数据架构已经在使用 Spark，那么 Spark Streaming 是非常值得考虑的方案，但是需要记住其基于微批处理的局限性以及数据延迟的问题（一般至少是在秒级甚至分钟级）。

此外，Spark 也有高级 API，也支持流计算任务的状态管理和 exactly once 可靠性机制。

4. Flink

Flink 项目开始得非常早，大概是在 2008 年，但是直到 2016 年才日渐受到重视并变成 Apache 的顶级项目。

Flink 是原生的流计算处理框架，提供高级 API、状态管理、exactly once 可靠性等，同时数据处理吞吐量也很不错，从目前社区的发展来看，Flink 也非常有活力。

此外，Apache Flink 是一个同时面向流处理和批处理的开源计算平台，它能够基于同一个 Flink 引擎，提供流处理和批处理两种类型应用的功能。在 Flink 中，批处理被当作一种特殊的流处理，只是它的输入数据流被定义为有界的而已。

综上所述，Flink 的流处理理念和设计非常不错，能满足绝大多数的流计算应用场景，因此目前很多人认为它将成为未来主流的流计算框架。

但是，目前 Flink 在工业界和生产系统中还采用得不够非常广泛，据公开资料，国内的 Alibaba，国外的 Uber、Netflix、爱立信等已经有在生产系统中大规模使用 Flink 的案例。

以上对各个流计算框架的介绍，可以简化为图 2-7 所示的内容。

Streamng Model	Native	Micro-batching	Micro-batching	Native	Native
API	Compositional		Declarative	Compositional	Declarative
Guarantees	At-least-once	Exactly-once	Exactly-once	At-least-once	Exactly-once
Fault Tolerance	Record ACKs		RDD based Checkpointing	Log based	Checkpointing
State Mangement	Not build-in	Dedicated Operators	Dedicated DStream	Stateful Operators	Stateful Operators
Latency	Very Low	Medium	Medium	Low	Low
Throughput	Low	Medium	High	High	High
Maturity	High		High	Medium	Low

图 2-7　主流流计算技术对比

2.3　数据管理

对于一个公司和组织来说，仅有数据的技术是不够的，还必须对数据进行管理。数据管理的范畴很广，但是具体主要包含数据探查、数据集成、数据质量、元数据管理和数据屏蔽等数据管理技术。下面逐一介绍数据管理的各个概念及其使用场合。

2.3.1　数据探查

数据探查，顾名思义，就是对数据的内容本身和关联关系等进行分析，包括但不限于需要的数据是否有、都有哪些字段、字段含义是否规范明确以及字段的分布和质量如何等。数据探查常用的分析技术手段包括主外键、字段类型、字段长度、null 值占比、枚举值分布、最小值、最大值、平均值等。目前也有一些商业性软件，如 Informatica 公司的 Data explorer、Oracle 公司的 Data Quality Suite 和 IBM 的 Infosphere information analyzer 等，来帮助简化这些任务，但实际上这些工作也可以用简单的数据统计脚本来完成。

数据探查分为战略性的和战术性的。战略性的数据探查是指在使用数据之前首先对数据源进行轻量级的数据分析，确定其是否可用、数据稳定性如何，以决定是否可以纳入数据平台使用。战略性的数据探查是构建数据平台前首先要进行的任务，不合格的数据源头必须尽快剔除，如果到了后期才发现数据源头不合格，将会对数据平台的构建造成重大影响。

战术性的数据探查则指用技术手段对数据进行详尽的分析，发现尽可能多的数据质量问题并反馈给业务人员或者通知源头系统进行改进。

数据探查是构建数据平台的基础，好的数据探查工作直接为后续的数据建模、数据集成和数据质量等工作提供了指导，也能让数据平台团队对数据做到心中有数，因此必须认识到其重要性，预先进行数据探查工作。

2.3.2　数据集成

数据仓库的数据集成也叫 ETL（抽取：extract、转换：transform、加载：load），是数据平台构建的核心，也是数据平台构建过程中花费时间最多、花费精力最多的阶段。ETL 泛指将数据从数据源头抽取、经过清洗、转换、关联等转换，并最终按照预先设计的数据模型将数据加载到数据仓库的过程。

对数据平台使用者和业务人员来说，他们通常并不知道也不关心所使用的数据（如订单）源头有几个、都在哪些数据库里、字段定义是否一致（如订单系统 1 用 1 代表下单成功，0 代表下单失败，而系统 2 用 sucess 代表下单成功、用 fail 代表下单失败）、相关的数据表有哪些（如订单顾客的画像信息、商品的类目），数据使用者希望最终看到的是一个汇总的、规范、包含所有相关订单信息的宽表，这个宽表包含了所有能够使用的订单信息，而这些所有后台的抽取、清洗、转换和关联以及最终的汇总、关联等复杂过程都由 ETL 来完成，这也是数据仓库能够给数据使用者带来的重要价值之一。

ETL 的源头通常有多个，其处理过程也是复杂的。为了解决 ETL 的多样性和复杂性，ETL 工具和工程通常引入 ETL job 的概念。一个 job 只完成特定的任务，整个 ETL 过程也会被拆分为无数个 job 来执行。job 之间的执行顺序和依赖关系也是复杂多样的，因此 ETL 通常都会有专门的调度和管理功能。ETL 调度模块在关键的节点都会设置 "checkpoint"（检查点），用来记录重要的中间结果、处理日志等，checkpoint 的设计也使得中断、重跑变得可能。

从数据仓库变得热门和流行以来，目前市场上有很多 ETL 工具和产品可供使用，商业性的典型代表为 Informatica 公司的 Powercenter、IBM 的 Datastage、微软 SSIS 等，开源的有 Kettle 和 Talend 等，随着大数据以及 Hadoop 的流行，目前常用的 ETL 工具还包括 Hive 等。不管是什么工具，ETL 的本质是不变的，其最核心的是读取源数据、做处理、写入目标库，而数据是世界上最重要的东西，因此选用 ETL 工具的时候应该尽量在处理过程中不在平台间搬运数据，这也是为什么 Hive 是 Hadoop 数据仓库的主要 ETL 工具。Hadoop 数据仓库的源头通常已经被数据同步传输工具放在了 HDFS 上，而 Hive 要做的事情就是对这些 HDFS 文件用类 SQL 的方式实现 ETL 逻辑并把处理结果写到目标表（本质也是 HDFS 文件），所有一切都在 HDFS 文件系统内完成。

2.3.3　数据质量

在大数据时代，数据的价值和战略性越来越得到认可，数据已经成为管理层到一线业务人员的 "眼睛"，实时数据也越来越直接应用到线上系统，因此数据质量问题始终是每个数据相关人员的核心诉求。尤其是数据分析师、数据开发工程师和业务分析接口人，这些数据从业人员经常面临的一个问题是——"这个数据准确么？"甚至有的时候会被当面直接质疑——"这个数据有问题"，"这个数据肯定是错误的"。

数据的准和不准是一个直接感知，数据人员主要从下述 4 个方面衡量数据质量问题。

❑ **完整性**：完整性是指数据信息是否存在缺失的状况，数据缺失的情况可能是整个数据记录缺失，也可能是数据中某个字段信息的记录缺失。不完整的数据所能借鉴的价值就会大大降低，也是数据质量最为基础的一项评估标准。

❑ **一致性**：一致性是指数据是否遵循了统一的规范，数据集合是否保持了统一的格式。数据质量的一致性主要体现在数据记录的规范和数据是否符合逻辑，比如手机号码一定是 13 位的数字而且开始第 1 位一定是 1，第 2、3 位的组合也是可枚举的，而 IP 地址一定是由 4 个 0 ～ 255 的数字加上"."组成的。

❑ **准确性**：准确性是指数据记录的信息是否存在异常或错误，是否符合业务预期。和一致性不同，存在准确性问题的数据不只是规则上的不一致，更多的是和业务规则的冲突，比如业务规定某个字段是布尔值（只可能为 0 和 1），如果数据处理中发现了其他数值（比如 3），那就说明数据的准确性有问题。

❑ **及时性**：及时性是指数据的产出时间是否及时、准时，符合预期。

数据从产生到消费有很多环节，每个环节都可能出现数据质量问题，但是对于数据使用者来说，因为他们直接接触的是数据平台，因为作为数据平台的管理者，数据开发团队通常被视为数据质量问题的第一责任人，数据开发团队也有义务和责任来解决数据质量问题，哪里有问题就推动哪里解决，同时数据开发团队应该用专门的数据质量流程、工具和方法来确保数据质量问题第一时间被发现并推动有关方解决。

通常数据质量问题解法必须借助系统和工具的帮助才能落地，专业的数据质量工具和系统能够监测数据行数波动、主键重复、字段空值比、空值率、枚举值检查、枚举值占比、字段最小值、最大值、均值、数值合计等，通过这些指标再叠加业务规则监测来衡量是否有数据质量问题，如果发现系统报警，需要第一时间解决并找到责任人修复。

2.3.4 数据屏蔽

数据仓库存储了企业的所有数据，其中有些数据是非常敏感的，比如用户的信用卡信息、身份证信息等。这些信息如果泄露，将会给企业或者公司带来灾难性的后果；但是这些信息如果完全排除，又会对开发测试和分析统计等带来影响。

数据屏蔽（data masking）就是关于对数据如何进行不可逆的处理，使得处理后的数据既能被开发测试和分析统计使用，又不会泄露任何信息的过程。

有很多方法可以对数据进行屏蔽处理，常用的办法如下。

❑ **替换**：替换就是用预先准备的测试数据来替换真实的敏感数据，比如客户的名字可以从预先准备的姓测试库和名测试库中随机选取（也可再加随机逻辑）后拼接，来替代客户的真实名字。替换是应用数据屏蔽并能够保留数据记录的真实外观最有效的方法之一，但是这种方法需要精心设计并预先准备大量的替换数据集。

❑ **洗牌**（shuffle）：洗牌和替换相似，不同点在于其替换的数据集就是被替换的数据集本身。洗牌的思想是通过某种洗牌算法将行与行之间的值进行交换，如果洗牌算法被破解，破解者将可以还原到原来的数据集，洗牌方法仅在某些特殊场景使用。

❏ **删除 / 加扰**：解决敏感信息外泄最简单有效的方式是删除敏感信息，但是这样会破坏数据完整性并给后续使用带来影响，因此一个代替方法是删除部分字符，比如信用卡号前面数字为都用 × 代替，仅保留最后四位的数字如 ×××× · ×××× · ×××× 6789。

❏ **加密**：加密是解决数据屏蔽问题最复杂的方法。通过加密算法，原始数据将变为无意义的字符，只有应用"密钥"才能查看真正的原始数据，使用这种方法一定要注意保存"密匙"。另外，加密后的数据有时对于测试和开发以及分析统计毫无意义。

企业的管理层们也许不会关心数据的集成、数据的探查、数据的建模等，甚至有时候对数据质量也有一定的容忍度，但是他们对数据泄露、数据安全出了问题肯定不能容忍，因此数据屏蔽必须慎重考虑和设计。

2.4 本章小结

本章首先介绍了数据平台的内容范畴，然后分别从离线和实时两方面介绍了数据平台的架构、主要概念和技术。

离线数据平台是目前数据平台的主战场，相关的概念技术（如数据仓库、维度建模、逻辑分层、Hadoop 和 Hive 等）都比较成熟并已广泛应用于各个公司。

实时数据平台随着数据时效性和人工智能的兴起，越来越得到重视并被放在战略地位，实时数据平台的有关技术也在不停地发展和完善，如 Storm、Flink 和 Beam 等，读者需要对此方面保持高度关注并积极拥抱这些技术。

本章是本书相关数据技术的概览章节，请读者务必仔细阅读并掌握。

从下一章开始，本书将会具体介绍各种数据技术——首先从离线的 Hadoop 开始。

离线数据开发：大数据开发的主战场

离线数据平台是整个数据平台的根本和基础，也是目前数据平台的主战场，因此首先介绍离线数据开发的主要技术。

离线数据技术已经有了十多年的发展，已经比较稳定，形成了 Hadoop MapReduce 和 Hive 为事实标准的离线数据处理技术，因此本部分首先介绍 Hadoop 和 Hive 的有关知识。

一般情况下，数据相关人员已经很少通过直接写 MapReduce 代码来处理数据，而主要通过 Hive SQL。但仅知其然（会写 Hive SQL）是远远不够的，还必须知其所以然（理解 Hive SQL 的背后执行原理），而这意味着必须理解 Hadoop 的知识，包括其概念、框架、原理、执行过程等。

Hive 是构建在 Hadoop MapReduce 之上的一层 SQL 抽象层，使得数据相关人员使用声明式的 SQL 技能就能处理绝大部分的离线数据处理任务，因此在介绍 Hadoop 知识后，本部分将集中介绍 Hive 知识，包括其基本架构、关键概念、主要语法、执行原理以及实践中将会碰到的优化技巧等。鉴于优化内容较多而且比较独立，因此本书专辟一章进行介绍。

掌握了数据开发的工具 Hadoop MapReduce 和 Hive，还必须通过维度建模技术来构建逻辑的离线数据平台，因此第 6 章将主要介绍维度建模技术，包括经典的维度建模技术以及大数据时代对维度建模技术的改良和优化等。

最后第 7 章将综合上述知识，并结合 FutureRetailer 这个场景，进行构建离线数据实战。

Hadoop 原理实践

可以说，十年前，正是 Hadoop 开启了大数据时代的大门，而大数据的发展也是和 Hadoop 的发展密不可分的，甚至从某些方面来说大数据就是 Hadoop，因此本章将重点要介绍 Hadoop 知识。

本章将从 Hadoop 的产生和发展开始，引出 Hadoop 的生态系统及其主要的技术，然后在此基础上重点介绍 HDFS 和 MapReduce 的基本概念、体系结构和工作原理。

目前是一个信息过度的时代，互联网上充斥着浩如烟海的知识。对于每个人来说如何提取这些信息进而使之为己所用，是一个很大的挑战。对于技术人员来说，技术的深度和广度如何把握、深入何种程度以及涉猎到何种范围，是很有意思的问题。

笔者认为最重要的是要找到锚点，同时结合工作中涉及的内容和频次以及个人对未来的技术发展规划，就比较容易确定。比如，锚点是数据开发，那么离线数据处理的主要工具 Hive 是必须极其熟练地掌握和精通的，但 Hive 背后是 Hadoop 的 HDFS 和 MapReduce，需要会 MapReduce 编程么？从笔者的工作实践以及了解来看，这不是必须掌握的，但是数据开发人员必须掌握其概念、架构和工作原理，也就是说，不但要知其然，而且要知其所以然。

本章不会具体讲述如何开发一个 MapReduce 程序，但是会介绍 MapReduce 和 HDFS 在后台是如何工作的。

3.1 开启大数据时代的 Hadoop

1. Hadoop 历史

Hadoop 的源头是 Apache 的 Nutch 项目，该项目由 Doug Cutting 于 2002 年 8 月创建，

其初始目标是开发一个类似于 Google 的、基于 Java 实现的开源搜索引擎（目前 Nutch 项目已经从初始的搜索引擎演化为网络爬虫）。经过两年的努力，尽管距离当时数以千亿的网页数据规模还有差距，但是到 2004 年，Nutch 也已经能够实现亿级的网页抓取、索引和搜索。

2004 年，Google 公开发表了题为 "MapReduce: Simplified Data Processing on Large Clusters"（MapReduce：大规模集群上的简化数据处理）的论文，受到这篇论文启发，结合 Google 2003 年发表的 "The Google File System"（GFS）的论文，Doug Cutting 基于 MapReduce 和 GFS 重写了 Nutch 项目的核心引擎。到 2005 年，Nutch 已经能够运行在 20 个左右的节点上。随着 2006 年 1 月 Doug 加盟雅虎搜索，同时基于 MapReduce 和 GFS 的这套东西在 Nutch 的良好应用，它们于 2006 年 2 月被分离出来，成了一套完整而独立的软件。Doug 用自己儿子的黄色大象玩具的名字 "Hadoop" 来为此项目命名。

Hadoop 系统进入雅虎之后，得以逐渐发展和成熟，从刚开始小打小闹的几十台机器发展到能支持上千个节点的机器，同时调度、权限控制和稳定性等工程特征也被逐步完善，业务应用也从单一的搜索扩展到数据处理、分析和挖掘等。到 2008 年 2 月，Hadoop 的最大贡献者 Yahoo 构建了当时规模最大的 Hadoop 集群，他们在 2000 个节点上执行了超过 1 万个 Hadoop 虚拟机器来处理超过 5PB 的网页内容，分析大约一兆个网页链接之间的网页索引资料，这些网页索引资料压缩后超过 300TB。Yahoo 基于 Hadoop 为用户提供了高质量的搜索服务，同时在工程化 Hadoop 过程中一直都将 Hadoop 开源，而非作为他们自己的私有商业软件。

2. Hadoop 发展

可以毫不夸张地说，正是 Hadoop 开启了大数据时代的大门！

而首先拥抱 Hadoop 的是国内外的互联网公司。Hadoop 在诞生之初还很不完善，比如没有海量节点的成功运行案例、不稳定、有 bug、缺乏企业级特性等，但是相比它能提供一个低成本、易扩展、高可靠性和高效地海量数据处理的可行方案来说，这些都不是问题。互联网公司人才密集、技术密集、可以快速迭代和试错，使这些问题迅速得到完善，Hadoop 也迅速流行并日益深入人心，进而成了互联网行业进行大数据处理的标配。

从国外的 Yahoo、Facebook 到国内的百度、阿里和腾讯，上千节点的 Hadoop 集群很快被搭建并运用到网页搜索、日志分析、电子商务数据处理等每天数以百 TB 甚至 PB 级别的数据处理和分析中。而当时数百 TB 甚至 PB 级别的数据处理和分析对于传统的数据库和数据仓库来说是不可想象的，即使能够处理，相应的金钱成本和时间成本也是巨大的。这些互联网公司在搭建和使用 Hadoop 集群的过程中，不断修复问题并提交新的功能给 Hadoop，反哺 Hadoop 社区。

截至 2016 年 1 月 28 日，Hadoop 已经诞生十周年了，在这十年间，不仅 MapReduce 为代表的离线批处理计算得到了极大发展和普及，纵向上来说，数据采集、ETL、数据分析、数据可视化、数据挖掘，横向上来说流计算、内存计算、即时计算等都得到了极大的发展，相关的开源产品、框架和技术纷纷涌现并被纳入 Hadoop 大数据开源社区，从底层调度和资源管理的 YARN/ZooKeeper 到 SQL on Hadoop 的 Hive，从分布式的 NoSQL 数据库 HBase 到流计算 Storm 框架，从海量日志采集处理框架 Flume 到海量消息分布式订阅 – 消费系统 Kafka，所有这些技术共同组成了一个完善的、彼此良性互动和补充的 Hadoop 大数据生态系统。

3. Hadoop 生态

目前的 Hadoop 生态系统可以说是蓬勃发展、百花齐放，对于初入者来说，一个个响亮的名字、一个个眼花缭乱的框架，之前刚熟悉了解了一个，马上很快又有一个名字跳出来，确实是"乱花渐欲迷人眼"。

但是正如本章开头所说，最重要的是找到锚点。因此以数据为锚点，结合第 1 章的数据流程图，当前 Hadoop 生态系统的主要开源技术和框架如图 3-1 所示。

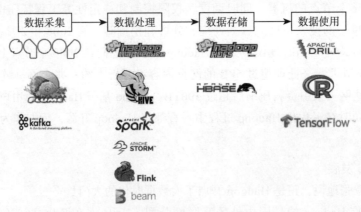

图 3-1　Hadoop 生态系统的主要开源技术和框架

1.2 节已经对这些开源技术和框架进行了介绍，后续章节会对很多技术逐一具体介绍，因此在此不再展开赘述。

3.2　HDFS 和 MapReduce 优缺点分析

HDFS 和 MapReduce 是离线大数据处理背后的主要技术，它们的基本概念和运行原理是数据开发人员所必须理解的，因此在 1.2.2 节数据处理主要技术部分对其整体的介绍后，本章将集中对 MapReduce 和 HDFS 的概念、工作原理和技术做深入介绍。

相关技术书籍对 HDFS 和 MapReduce 的介绍已经很多，相关安装的明细教程也是汗牛充栋，因此本章将不会耗费过多笔墨在这些方面，而将重点放在其具体工作原理方面，因为这些才是对日常具体项目和数据处理工作最有作用的部分，也是数据从业人员最应该掌据的部分。作为 HDFS 和 MapReduce 原理实践的背景性介绍，本章首先对其优缺点、适用场合以及不适用场合等内容进行概要总结。

3.2.1　HDFS

HDFS 的英文全称是 Hadoop Distributed File System，即 Hadoop 分布式文件系统，它是 Hadoop 的核心子项目。实际上，Hadoop 中有一个综合性的文件系统抽象，它提供了文件系统实现的各类接口，而 HDFS 只是这个抽象文件系统的一种实现，但 HDFS 是各种抽象接口实现中应用最为广泛和最广为人知的一个。

1. HDFS 的优势

HDFS 被设计成适合运行在通用和廉价硬件上的分布式文件系统。它和现有的分布式文件系统有很多共同点，但它和其他分布式文件系统的区别也是很明显的。HDFS 是基于流式数据模式访问和处理超大文件的需求而开发的，其主要特点如下。

（1）处理超大文件

这里的超大文件通常指的是 GB、TB 乃至 PB 大小的文件。通过将超大文件拆分为小的 Split，并分配给数以百计乃至千计、万计的节点，Hadoop 可以很容易地扩展并处理这些超大文件。

（2）运行于廉价的商用机器集群上

HDFS 设计对硬件需求比较低，只须运行在低廉的商用硬件集群上，而无须使用昂贵的高可用性机器。廉价的商用机也就意味着大型集群中出现节点故障情况的概率非常高，这就要求设计 HDFS 时充分考虑数据的可靠性、安全性及高可用性。

（3）高容错性和高可靠性

HDFS 设计中就考虑到了低廉硬件的不可靠性，一份数据会自动保存多个副本（具体可以设置，通常三个副本），通过增加副本的数量来保证了它的容错性。如果某一个副本丢失，HDFS 机制会自动复制其他机器上的副本。

当然，有可能多个副本都会出现问题，但是 HDFS 保存的时候会自动跨节点和跨机架，因此此种概率非常低，HDFS 同时也提供了各种副本放置策略来满足不同级别的容错需求。

（4）流式的访问数据

HDFS 的设计建立在更多地响应"一次写入、多次读写"任务的基础上，这意味着一个数据集一旦由数据源生成，就会被复制分发到不同的存储节点中，然后响应各种各样的数据分析任务请求。在多数情况下，分析任务都会涉及数据集的大部分数据，也就是说，对 HDFS 来说，请求读取整个数据集比请求读取单条记录会更加高效。

2. HDFS 的局限

HDFS 的上述种种特点非常适合于大数据量的批处理，但是对于一些特定问题不但没有优势，而且有一定的局限性，主要表现在如下几个方面。

（1）不适合低延迟数据访问

如果要处理一些用户要求时间比较短的低延迟应用请求（比如毫秒级、秒级的响应时间），则 HDFS 不适合。HDFS 是为了处理大型数据集而设计的，主要是为达到高的数据吞吐量而设计的，延迟时间通常实在分钟乃至小时级别。

对于那些有低延时要求的应用程序，HBase 是一个更好的选择，尤其适用于对海量数据集进行访问并要求毫秒级响应时间的情况，但 HBase 的设计是对单行或者少量数据集的访问，对 HBase 的访问必须提供主键或者主键范围。

（2）无法高效存储大量小文件

在 HDFS 中，需要用 NameNode（名称节点）来管理文件系统的元数据，以响应客户端请求返回文件位置等，而这些元数据放置在内存中，所以文件系统所能容纳的文件数目是由 NameNode 的内存大小来决定。一般来说，每一个文件、文件夹和 Block（数据块）需要占据 150 字节左右的空间，所以，如果有 100 万个文件，每一个占据一个 Block，就至少需要 300MB 内存。当前来说，数百万的文件还是可行的，当扩展到数十亿时，NameNode 的工作压力会很大，检索处理元数据的时间就不可接受了，而当前的硬件水平也无法实现。

要想让 HDFS 处理好小文件，有不少方法。例如，利用 SequenceFile、MapFile、Har 等方式归档小文件。这个方法的原理就是把小文件归档起来管理，HBase 就是基于此的。对于这种方法，如果想找回原来的小文件内容，就必须得知道与归档文件的映射关系。此外，也可以横向扩展，一个 NameNode 不够，可以多 Master 设计，将 NameNode 用一个集群代替，Alibaba DFS 的设计，就是多 Master 设计，它把 Metadata 的映射存储和管理分开了，由多个 Metadata 存储节点和一个查询 Master 节点组成。

（3）不支持多用户写入和随机文件修改

在 HDFS 的一个文件中只有一个写入者，而且写操作只能在文件末尾完成，即只能执行追加操作。

目前 HDFS 还不支持多个用户对同一文件的写操作，也不支持在文件任意位置进行修改。

3.2.2 MapReduce

MapReduce 是 Google 公司的核心计算模型，它将运行于大规模集群上的复杂并行计算过程高度地抽象为两个函数：Map 和 Reduce。Hadoop 是 Doug Cutting 受到 Google 发表的关于 MapReduce 的论文的启发而开发出来的。Hadoop 中的 MapReduce 是一个使用简单的软件框架，基于它写出来的应用程序能够运行在由上千个商用机器组成的大型集群上，并能可靠容错地并行处理 TB 级别的数据集。

1. MapReduce 的优势

MapReduce 目前非常流行，尤其在互联网公司中。MapReduce 之所以如此受欢迎，是因为它有如下的特点。

❑ **MapReduce 易于编程**：简单地实现一些接口，就可以完成一个分布式程序，而且这个分布式程序还可以分布到大量廉价的 PC 机器上运行。也就是说，写一个分布式程序，跟写一个简单的串行程序是一模一样的。 MapReduce 易于编程的背后是 MapReduce 通过抽象模型和计算框架把需要做什么（What need to do）与具体怎么做（How to do）分开了，为程序员提供了一个抽象和高层的编程接口和框架，程序员仅需关心其应用层的具体计算问题，仅需编写少量的处理应用本身计算问题的程序代码；如何具体完成这个并行计算任务所相关的诸多系统层细节被隐藏起来，交给计算框架去处理——从分布代码的执行到大到数千、小到数个节点集群的自动调度使用。就是因为这个特点，MapReduce 编程变得非常流行。

❑ **良好的扩展性**：当计算资源不能得到满足的时候，可以通过简单地增加机器来扩展它的计算能力。多项研究发现，基于 MapReduce 的计算性能可随节点数目增长保持近似于线性的增长，这个特点是 MapReduce 处理海量数据的关键，通过将计算节点增至几百或者几千可以很容易地处理数百 TB 甚至 PB 级别的离线数据。

❑ **高容错性**：MapReduce 设计的初衷就是使程序能够部署在廉价的 PC 机器上，这就要求它具有很高的容错性。比如，其中一台机器宕机了，它可以把上面的计算任务转移到另一个节点上运行，不至于这个任务运行失败，而且这个过程不需要人工参与，完全是由 Hadoop 内部完成的。

2. MapReduce 的局限

MapReduce 虽然具有很多的优势，但是它也有不擅长的地方。这里的"不擅长"不代表它不能做，而是在有些场景下实现的效果差，并不适合用 MapReduce 来处理，主要表现在以下几个方面。

❑ **实时计算**：MapReduce 无法像 Oracle 或者 MySQL 那样在毫秒或者秒级内返回结果。如果需要大数据量的毫秒级响应，可以考虑使用 HBase。

❑ **流计算**：流计算的输入数据是动态的，而 MapReduce 的输入数据集是静态的，不能动态变化，这是因为 MapReduce 自身的设计特点决定了数据源必须是静态的。如果需要处理流式数据可以用 Storm、Spark Streaming、Flink 等流计算框架。

❑ **DAG（有向图）计算**：多个应用程序存在依赖关系，后一个应用程序的输入为前一个的输出。在这种情况下，MapReduce 并不是不能做，而是使用后，每个 MapReduce 作业的输出结果都会写入磁盘，会造成大量的磁盘 IO，导致性能非常低下，此时可以考虑用 Spark 等迭代计算框架。

3.3　HDFS 和 MapReduce 基本架构

HDFS 和 MapReduce 是 Hadoop 的两大核心，它们的分工也非常明确，HDFS 负责分布式存储，而 MapReduce 负责分布式计算。

在介绍大数据量如何通过 HDFS 和 MapReduce 来完成大数据量分布式并行计算之前，本书先介绍 HDFS 和 MapReduce 的架构知识。

首先介绍 HDFS 的体系结构，HDFS 采用了主从（Master/Slave）的结构模型，一个 HDFS 集群是由一个 NameNode 和若干个 DataNode 组成的，其中 NameNode 作为主服务器，管理文件系统的命名空间（即文件有几块，分别存储在哪个节点上等）和客户端对文件的访问操作；集群中的 DataNode 管理存储的数据。HDFS 允许用户以文件的形式存储数据。从内部来看，文件被分为若干数据块，而且这若干个数据块存放在一组 DataNode 上。NameNode 执行文件系统的命名空间操作，比如打开、关闭、重命名文件或目录等，它也负责数据块到具体 DataNode 的映射。DataNode 负责处理文件系统客户端的文件读写请求，并在 NameNode 的统一调度下进行数据块的创建、删除和复制工作。HDFS 的体系结构如图 3-2 所示。

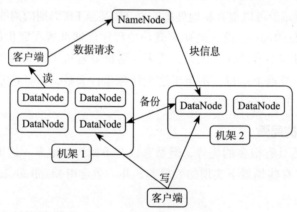

图 3-2　HDFS 的体系结构

NameNode 和 DataNode 都被设计成可以在普通商用计算机上运行，而且这些计算机通常运行的是 Linux 操作系统。HDFS 采用 Java 语言开发，因此任何支持 Java 的机器都可以部署 NameNode 和 DataNode。一个典型的部署场景是集群中的一个机器运行一个 NameNode 实例，其他机器分别运行一个 DataNode 实例。当然，并不排除一台机器运行多个 DataNode 实例的情况。集群中单一的 NameNode 的设计则大大简化了系统的架构。NameNode 是所有 HDFS 元数据的管理者，用户数据不会经过 NameNode。

MapReduce 也是采用 Master/Slave 的主从架构，其架构图如图 3-3 所示。

MapReduce 包含 4 个组成部分，分别为 Client、JobTracker、TaskTracker 和 Task。

（1）Client

每个 Job 都会在用户端通过 Client 类将应用程序以及配置参数 Configuration 打包成 JAR 文件存储在 HDFS 中，并把路径提交到 JobTracker 的 Master 服务，然后由 Master 创建每一个 Task（即 MapTask 和 ReduceTask）将它们分发到各个 TaskTracker 服务中去执行。

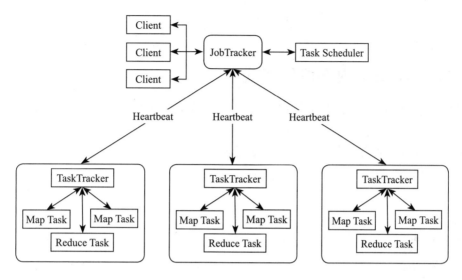

图 3-3　MapReduce 的架构

（2）JobTracker

JobTracker 负责资源监控和作业调度。JobTracker 监控所有 TaskTracker 与 Job 的健康状况，一旦发现失败，就将相应的任务转移到其他节点；同时，JobTracker 会跟踪任务的执行进度、资源使用量等信息，并将这些信息告诉任务调度器，而调度器会在资源出现空闲时，选择合适的任务使用这些资源。在 Hadoop 中，任务调度器是一个可插拔的模块，用户可以根据自己的需要设计相应的调度器。

（3）TaskTracker

TaskTracker 会周期性地通过 Heartbeat 将本节点上资源的使用情况和任务的运行进度汇报给 JobTracker，同时接收 JobTracker 发送过来的命令并执行相应的操作（如启动新任务、杀死任务等）。TaskTracker 使用"slot"来衡量划分本节点上的资源量。"slot"代表单位的计算资源（CPU、内存等）。一个 Task 获取到一个 slot 后才有机会运行，而 Hadoop 调度器的作用就是将各个 TaskTracker 上的空闲 slot 分配给 Task 使用。slot 分为 Map slot 和 Reduce slot 两种，分别供 Map Task 和 Reduce Task 使用。TaskTracker 通过 slot 数目（可配置参数）限定 Task 的并发度。

（4）Task

Task 分为 Map Task 和 Reduce Task 两种，均由 TaskTracker 启动。HDFS 以固定大小的 block 为基本单位存储数据，而对于 MapReduce 而言，其处理单位是 split。

从上面的描述可以看出，HDFS 和 MapReduce 共同组成了 HDFS 体系结构的核心。HDFS 在集群上实现了分布式文件系统，MapReduce 在集群上实现了分布式计算和任务处理。HDFS 在 MapReduce 任务处理过程中提供了对文件操作和存储等的支持，而 Map-Reduce 在 HDFS 基础上实现了任务的分发、跟踪和执行等工作，并收集结果，两者相互作用，完成了 Hadoop 分布式集群的主要任务。

3.4 MapReduce 内部原理实践

下面结合具体的例子详述 MapReduce 具体的工作原理和过程。

以统计一个大文件中各个单词的出现次数为例来讲述（第 4 章将结合具体的 Hive SQL 实例来介绍 SQL 是如何翻译为 MapReduce 任务并执行的）。

假设本文用到的输入文件有如下两个。

文件 1：

```
big data
offline data
online data
offline online data
```

文件 2：

```
hello data
hello online
hello offline
```

目标是统计这两个文件中各个单词的出现次数。我们可以很容易地用肉眼算出各个单词的出现次数：

```
big: 1
data: 5
offline: 3
online: 3
hello: 3
```

但是想象一下，如果是数以百万级的文献资料，每个文献资料数以十万字或百万字计，还能肉眼判断么？而这正是 Hadoop 擅长的，对于 Hadoop 来说只需要定义简单的 map 逻辑和 reduce 逻辑，然后把输入文件和处理逻辑提交给 Hadoop 即可，Hadoop 将会自动完成所有的分布式计算任务。

3.4.1 MapReduce 逻辑开发

Hadoop 开发人员需要定义 Map 逻辑和 Reduce 逻辑，下面用伪代码来描述词频统计具体的 Map 逻辑和 Reduce 逻辑。

词频统计任务的 Map 逻辑为：

```
// 注释：currentLine是传入的当前行内容，比如对于文件1首行value的值就是 "big data"，
StringTokenizer是一个分词器，可以把行按照空格进行分词，"big data"会被拆分为big 和 data
StringTokenizer itr = new StringTokenizer(currentLine.toString());
```

```
While (itr.hasMoreTokens()){  // 对上一行代码的分词结果进行循环，比如文件 1 首行会循环两次
word.set(itr.nextToken()); //word 是一个临时变量，临时存储当前循环的单词值，比如对于首行的
第一个循环 word 值为 big
Context.write(word,1);  // 每行每个单词被循环一次，值为常量 1，并输出 map 任务结果
}
```

以上述示例文件 1 为例，上述 Map 逻辑执行后，输出将会是：

```
big 1
data 1
offline 1
data 1
online 1
data 1
offline 1
online 1
data 1
```

Hadoop 的 shuffle 过程会把 Map 任务的输出组织成 <word,{1,1,1,1,…}> 形式的数据并输入给 Reduce 任务，然后 Reduce 任务会对这种形式的数据执行 Reduce 逻辑，相应的 Reduce 逻辑为：

```
Private IntWritable singleWordSumResult=new IntWritable();// 私有变量，用来存储某个单
词的出现次数
Int sum=0;  // 临时变量，用来存放单词出现次数的中间临时结果
for (intWritable val:values){  //values 即 <word,{1,1,1,1,…}> 形式的数据，比如 online
为 {1,1}
    sum=sum+val.get(); // 把该单词的所有出现次数相加
}
singleWordSumResult.set(sum); // 保存最终结果到 singleWordSumResult
Context.write(key,result);// 输出 Reduce 任务结果，比如 online，这里输出 online,2
```

至此，所有 Map 代码和 Reduce 代码都完成了，将此代码打包并提交给 Hadoop 执行即可。

3.4.2　MapReduce 任务提交详解

对于用户提交的任务，Hadoop 又是如何调度并执行的呢？

从上述 MapReduce 架构可以看出，MapReduce 作业执行主要由 JobTracker 和 Task-Tracker 负责完成。

客户端编写好的 MapReduce 程序并配置好的 MapReduce 作业是一个 Job，Job 被提交给 JobTracker 后，JobTracker 会给该 Job 一个新的 ID 值，接着检查该 Job 指定的输出目录是否存在、输入文件是否存在，如果不存在，则抛出错误。同时，JobTracker 会根据输入文件计算输入分片（input split），这些都检查通过后，JobTracker 就会配置 Job 需要的资源并分配资源，然后 JobTracker 就会初始化作业，也就是将 Job 放入一个内部的队列，让配置好的作业调度器能调度到这个作业，作业调度器会初始化这个 Job，初始化就是创建一个正

在运行的 Job 对象（封装任务和记录信息），以便 JobTracker 跟踪 Job 的状态和进程。

该 Job 被作业调度器调度时，作业调度器会获取输入分片信息，每个分片创建一个 Map 任务，并根据 TaskTracker 的忙闲情况和空闲资源等分配 Map 任务和 Reduce 任务到 TaskTraker，同时通过心跳机制也可以监控到 TaskTracker 的状态和进度，也能计算出整个 Job 的状态和进度。当 JobTracker 获得了最后一个完成指定任务的 TaskTracker 操作成功的通知时候，JobTracker 会把整个 Job 状态置为成功，然后当查询 Job 运行状态时（注意：这个是异步操作），客户端会查到 Job 完成的通知。如果 Job 中途失败，MapReduce 也会有相应的机制处理。一般而言，如果不是程序员程序本身有 bug，MapReduce 错误处理机制都能保证提交的 Job 能正常完成。

3.4.3 MapReduce 内部执行原理详解

那么，MapReduce 到底是如何运行的呢？按照时间顺序，MapReduce 任务执行包括：输入分片 Map、Shuffle 和 Reduce 等阶段，一个阶段的输出正好是下一阶段的输入，上述各个阶段的关系和流程如图 3-4 所示。

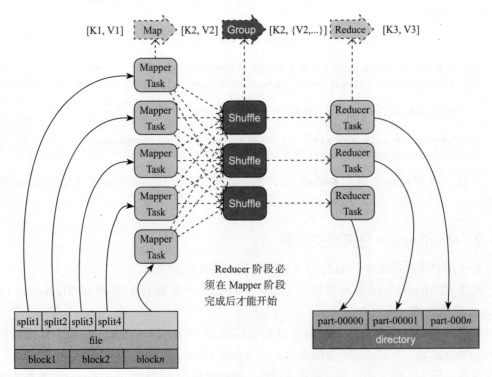

图 3-4　MapReduce 执行阶段和流程图

图 3-4 从整体角度很好地表示了 MapReduce 的大致阶段划分和概貌。下面结合上文的示例文件更加深入和详细地介绍上述过程，结合单词计数实例的 MapReduce 执行阶段和流

程图如图 3-5 所示。

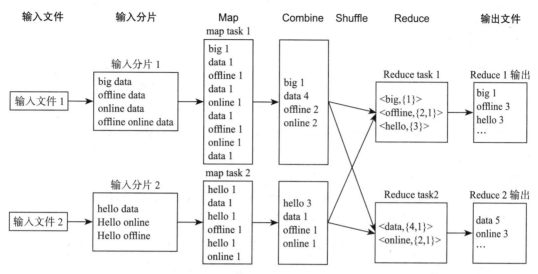

图 3-5　结合单词计数实例的 MapReduce 执行阶段和流程图

1. 输入分片

在进行 Map 计算之前，MapReduce 会根据输入文件计算输入分片。每个输入分片对应一个 Map 任务，输入分片存储的并非数据本身，而是一个分片长度和一个记录数据的位置的数组。输入分片往往和 HDFS 的 block（块）关系很密切，假如设定 HDFS 的块的大小是 64MB，如果输入只有一个文件大小为 150MB，那么 MapReduce 会把此大文件切分为三片（分别为 64MB、64MB 和 22MB），同样，如果输入为两个文件，其大小分别是 20MB 和 100MB，那么 MapReduce 会把 20MB 文件作为一个输入分片，100MB 则切分为两个即 64MB 和 36MB 的输入分片。对于上述实例文件 1 和 2，由于非常小，因此分别被作为 split1 和 split2 输入 Map 任务 1 和 2 中（此处只为说明问题，实际处理中应将小文件进行合并，否则如果输入多个文件而且文件大小均远小于块大小，会导致生成多个不必要的 Map 任务，这也是 MapReduce 优化计算的一个关键点）。

2. Map 阶段

在 Map 阶段，各个 Map 任务会接收到所分配到的 split，并调用 Map 函数，逐行执行并输出键值对。比如对于本例，map task1 将会接收到 input split1，并调用 Map 函数，其输出将为如下的键值对。

```
big 1
data 1
offline 1
data 1
online 1
```

```
data 1
offline 1
online 1
data 1
```

3. Combiner 阶段

Combiner 阶段是可选的。Combiner 其实也是一种 Reduce 操作，但它是一个本地化的 Reduce 操作，是 Map 运算的本地后续操作，主要是在 Map 计算出中间文件前做一个简单的合并重复键值的操作，例如上述文件 1 中 data 出现了 4 次，Map 计算时如果碰到一个 data 的单词就会记录为 1，这样就重复计算了 4 次，Map 任务输出就会有冗余，这样后续处理和网络传输都被消费不必要的资源，因此通过 Combiner 操作可以解决和优化此问题，但这一操作是有风险的，使用它的原则是 Combiner 的输出不会影响到 Reduce 计算的最终输入，例如，如果计算只是求总数、最大值及最小值，可以使用 Combiner 操作，但是如果做平均值计算使用 Combiner，最终的 Reduce 计算结果就会出错。

4. Shuffle 阶段

Map 任务的输出必须经过一个名叫 Shuffle 的阶段才能交给 Reduce 处理。Shuffle 阶段是 MapReduce 的核心，也是奇迹发生的地方，同时 Shuffle 阶段的性能直接影响整个 MapReduce 的性能，下面将详细介绍其过程和原理。

那什么是 Shuffle 呢？一般理解为数据从 Map Task 输出到 Reduce Task 输入的过程，它决定了 Map Task 的输出如何而且高效地传送给 Reduce Task。

总体来说，Shuffle 阶段包含在 Map 和 Reduce 两个阶段中，在 Map 阶段的 Shuffle 阶段是对 Map 的结果进行分区（partition）、排序（sort）和分隔（spill），然后将属于同一个分区的输出合并在一起（merge）并写在磁盘上，同时按照不同的分区划分发送给对应的 Reduce（Map 输出的划分和 Reduce 任务的对应关系由 JobTracker 确定）的整个过程；Reduce 阶段的 Shuffle 又会将各个 Map 输出的同一个分区划分的输出进行合并，然后对合并的结果进行排序，最后交给 Reduce 处理的整个过程。

下面从 Map 和 Reduce 两端详细介绍 Shuffle 阶段。

（1）Map 阶段 Shuffle

通常 MapReduce 计算的都是海量数据，而且 Map 输出还需要对结果进行排序，内存开销很大，因此完全在内存中完成是不可能也是不现实的，所以 Map 输出时会在内存里开启一个环形内存缓冲区，并且在配置文件里为这个缓冲区设定了一个阈值（默认为 80%，可自定义修改此配置）。同时，Map 还为输出操作启动一个守护线程，如果缓存区的内存使用达到了阈值，那么这个守护线程就会把这 80% 的内存区内容写到磁盘上，这个过程就叫分隔，另外的 20% 内存可以供 Map 输出继续使用，写入磁盘和写入内存操作是互不干扰的，如果缓存区被撑满了，那么 Map 就会阻塞写入内存的操作，待写入磁盘操作完成后再继续执行写入内存操作。

缓冲区内容分隔到磁盘前，会首先进行分区操作，分区的数目由 Reduce 的数目决定。对于本例，Reduce 数目为 2 个，那么分区数就是 2，然后对于每个分区，后台线程还会按照键值对需要写出的数据进行排序，如果配置了 Combine 函数，还会进行 Combine 操作，以使得更少地数据被写入磁盘并发送给 Reducer。

每次的分隔操作都会生成一个分隔文件，全部的 Map 输出完成后，可能会有很多的分隔文件，因此在 Map 任务结束前，还要进行合并操作，即将这些分隔文件按照分区合并为单独的文件。在合并过程中，同样也会进行排序，如果定义了 Combiner 函数，也会进行 combiner 操作。

至此，Map 阶段的所有工作都已结束，最终生成的文件也会存放在 TaskTracker 能访问的某个本地目录内。每个 Reduce Task 不断地从 JobTracker 那里获取 Map Task 是否完成的信息，如果 Reduce Task 得到通知，获知某台 TaskTracker 上的 Map Task 执行完成，Shuffle 的后半段过程，也就是 Reduce 阶段的 Shuffle，便开始启动。

（2）Reduce 阶段 Shuffle

Shuffle 在 Reduc 阶段可以分为三个阶段：Copy Map 输出、Merge 阶段和 Reduce 处理。

1）Copy Map 输出：如上文所述，Map 任务完成后，会通知父 TaskTracker 状态已完成，TaskTracker 进而通知 JobTracker（这些通知一般通过心跳机制完成）。对于 Job 来说，JobTracker 记录了 Map 输出和 TaskTracker 的映射关系。同时 Reduce 也会定期向 JobTracker 获取 Map 的输出与否以及输出位置，一旦拿到输出位置，Reduce 任务就会启动 Copy 线程，通过 HTTP 方式请求 Map Task 所在的 TaskTracker 获取其输出文件。因为 Map Task 早已结束，这些文件就被 TaskTracker 存储在 maptask 所在的本地磁盘中。

2）Merge 阶段：此处的合并和 Map 阶段的合并类似，复制过来的数据会首先放入内存缓冲区中，这里的内存缓冲区大小比 Map 阶段要灵活很多，它基于 JVM 的 heap size 设置，因为 Shuffle 阶段 Reduce Task 并不运行，因此绝大部分内存应该给 Shuffle 使用；同时此 Shuffle 的合并阶段根据要处理的数据量不同，也可能会有分隔到磁盘的过程，如果设置了 Combiner 函数，Combiner 操作也会进行。

从 Map 阶段的 Shuffle 过程到 Rreduce 段的 Shuffle 过程，都提到了合并，那么合并究竟是怎样的呢？如本文的例子，Map Task1 对于 offline 键的值为 2，而 Map Task2 的 offline 键值为 1，那么合并就是将 offline 的键值合并为 group，本例即为 <offline,{2,1}>。

3）Reduce Task 的输入：不断合并后，最后会生成一个最终结果（可能在内存，也可能在磁盘），至此 Reduce Task 的输入准备完毕，下一步就是真正的 Reduce 操作。

5. Reduce 阶段

经过 Map 和 Reduce 阶段的 Shuffle 过程后，Reduce 任务的输入终于准备完毕，相关的数据已经被合并和汇总，Reduce 任务只需调用 Reduce 函数即可，对于本例即对每个键，调用 sum 逻辑合并 value 并输出到 HDFS 即可，比如对于 Reduce Task1 的 offline 的键，只需将集合 {2,1} 相加，输出 offline 3 即可。

至此，整个 MapReduce 的详细流程和原理介绍完毕，从上述整个过程可以看出，Shuffle 是整个流程最为核心的部分，也是最为复杂的部分，当然也是 MapReduce 魔力发生的地方。理解 MapReduce 的关键就是理解 Shuffle 过程。

3.5 本章小结

本章主要从数据处理角度集中介绍了 Hadoop 的相关知识。

Hadoop 的 HDFS 和 MapReduce 是离线数据处理的底层技术，实际大数据离线数据处理实践和项目中已经很少通过编写 MapReduce 程序来处理大数据，相反大家主要用基于 MapReduce 的高级别抽象 Hive，效率更高，而且更容易使用。但 HDFS 和 MapReduce 是 Hive 的底层技术，在使用 Hive 过程中，必须理解 MapReduce 的底层原理和过程才能非常好地使用 Hive，这也是为什么本书会首先介绍 Hadoop 的 HDFS 和 MapReduce。

HDFS 和 MapReduce 的知识还牵涉到很多，比如读数据的流程、写数据的流程、错误处理、调度处理、I/O 操作、各种 API、管理运维等，但是站在数据开发的角度，这些都不是必须掌握的，但 MapReduce 的工作原理则是必须理解和掌握的，所以本章花了较多内容在这一方面，这也是本章的核心内容，请读者务必掌握。

本章还介绍了 Hadoop 的产生、发展的过程以及 HDFS 和 MapReduce 的优缺点、适用场合、不适用场合以及基本架构等。

下一章将会重点介绍目前实际项目中离线数据处理中的主要技术——Hive。

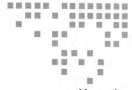

第 4 章 *Chapter 4*

Hive 原理实践

HDFS 和 MapReduce 提供了大数据处理的能力，Hive 则让数据的直接使用人员（包括分析师、算法工程师、数据开发工程师和业务分析人员等）都能使用 Hadoop 的大数据处理能力。Hive 对于 Hadoop 发展、流行和普及起到了关键的作用。

实际上，目前不管是国外大厂（如 Facebook 等），还是国内的百度、腾讯和阿里等，Hive 仍然是他们进行离线数据处理的主要工具和技术，因此本章将重点介绍 Hive 知识。

本章将首先介绍 Hive 的出现背景、优缺点和技术架构等，使读者对 Hive 有一个整体的了解，然后 4.2 节将具体介绍 Hive SQL，其中包括 Hive DDL（数据定义）和 Hive DML（数据操作）。

4.3 节将重点介绍 Hive SQL 的执行原理。 Hive SQL 实际上是翻译为 MapReduce 任务执行的，那么具体过程如何呢？ 4.3 节将通过几个具体的实例并结合执行大图的方式来介绍 Hive SQL 背后的执行机制和原理。理解和掌握 Hive SQL 的执行原理对于平时的离线任务开发和优化非常重要，直接关系到 Hive SQL 的执行效率和时间。

本章最后还将简要介绍 Hive SQL 的内部函数，以及除了 Hive 的其他 SQL on Hadoop 技术。

Hive 优化的知识牵涉较多，属于比较高级的内容，本书第 5 章专门对其进行介绍。

4.1 离线大数据处理的主要技术：Hive

4.1.1 Hive 出现背景

尽管 MapReduce 提供了抽象和高层的编程接口和框架，隐藏了分布式计算和存储任务运行的诸多系统细节，使得开发人员只需关心其应用层的具体计算逻辑，编写少量的应用逻辑代码即可完成大数据量的处理，但是对于数据的主要使用方（如分析师、算法工程师、数据开发工程师和业务人员）来说，这还不够，因为还是需要编程，而这些主要的数据使用人员并非都具备 Java 等编程语言的开发能力，所以如何将大数据量的处理分析能力赋能给数据相关主要人员变成了另一个现实和重要的问题。

首先解决这个问题的是 Facebook。Hive 正是 Facebook 开发并贡献给 Hadoop 开源社区的。

了解 Facebook 大数据量处理和数据仓库的历史非常有助于理解 Hadoop、Hive 和数据仓库的发展轨迹：实际上如传统的非互联网公司一样，Facebook 的数据仓库一开始是构建于 MySQL（目前最为流行的开源关系型数据库系统，商用的则是甲骨文的 Oracle、微软的 SQL Server 以及 IBM 的 DB2 等）之上的，但是随着数据量的增加，Facebook 的数据开发和分析人员发现某些 MySQL 查询统计经常需要几个小时甚至几天才能运行完。当数据量接近 1TB 的时候，MySQL 数据库后台进程更是直接宕掉。作为紧急和临时的解决方案，Facebook 决定将数据仓库转移到甲骨文公司的商用 Oracle 数据库，在付出很大的代价，比如 SQL 方言翻译（MySQL 和 Oracle 的 SQL 方言存在很多不同）和海量现有运行脚本（如存储过程等）修改后，Facebook 成功把数据仓库迁移到了 Oracle。Oracle 应付几 TB 的数据还是没有问题的，但是在 Facebook 开始收集用户点击流日志数据（每天大约 400GB）之后，Oracle 数据库也支撑不住了，Facebook 不得不考虑新的数据仓库方案。内部开发人员于是花了几周的时间自己开发建立了一个并行日志处理系统 Cheetah，Cheetah 勉强可以在 24 小时之内处理完一天的点击流数据。Cheetah 存在许多缺点，实际上并不能满足实际的需求，后来 Hadoop 项目出现了，在对 Cheetah 和 Hadoop 做了详细对比后，Facebook 发现 Hadoop 在处理大规模数据时更具优势，于是他们将所有的工作流从 Cheetah 转移到了 Hadoop，之后许多有价值的分析都是基于 Hadoop 完成的。越来越多的人了解到 Hadoop 和 MapReduce，数据处理和分析需求越来越多，希望使用的人员越来越多，MapReduce 的开发模式已经完全满足不了实际的数据使用和分析需求了。为了使组织中的多数人能够使用 Hadoop 的数据处理能力，Facebook 开发了 Hive，使得传统 SQL 技能的分析人员、业务人员能非常容易地切换到 Hadoop 领域，并充分利用 Hadoop 的大数据处理能力。Hive 提供了类似于 SQL 的查询接口，使用非常方便。作为非常具有分享和开放精神的互联网公司，Facebook 并没把 Hive 作为私有和商业的软件，而是把 Hive 贡献给了 Hadoop 开源社区。目前基于 Hive 的技术仍是 Facebook 离线数据处理的主要工具和技术（当前 Facebook 集群存储 2.5PB 的数据，并且在以每天 15TB 的数据增长，每天提交 3000 个以上的作业，大约处理 55TB 的数据）。

那么，Hive 究竟是什么呢？简单地说，Hive 是建立在 Hadoop 体系架构上的一层 SQL 抽象，使得数据相关人员使用他们最为熟悉的 SQL 语言就可以进行海量数据的处理、分析和统计工作，而不是必须掌握 Java 等编程语言和具备开发 MapReduce 程序的能力。Hive

SQL 实际上先被 SQL 解析器进行解析然后被 Hive 框架解析成一个 MapReduce 可执行计划，并按照该计划生成 MapReduce 任务后交给 Hadoop 集群处理的。

由于 Hive SQL 是翻译为 MapReduce 任务后在 Hadoop 集群执行的，而 Hadoop 是一个批处理系统，所以 Hive SQL 是高延迟的，不但翻译成的 MapReduce 任务执行延迟高，任务提交和处理过程中也会消耗时间。因此即使 Hive 处理的数据集非常小（比如几 MB、几十 MB），在执行时也会出现延迟现象。这样 Hive 的性能就不可能很好地和传统的 Oracle 数据库、MySQL 数据库进行比较。Hive 不能提供数据排序和查询缓存功能，也不提供在线事务处理，更不提供实时的查询和记录级的更新，但它能更好地处理不变的大规模数据集，当然这是和其根植于 Hadoop 近似线性的可扩展性分不开的。

4.1.2　Hive 基本架构

作为基于 Hadoop 的主要数据仓库解决方案，Hive SQL 是主要的交互接口，实际的数据保存在 HDFS 文件中，真正的计算和执行则由 MapReduce 完成，而它们之间的桥梁是 Hive 引擎。

下面具体介绍 Hive 引擎的架构，如图 4-1 所示。

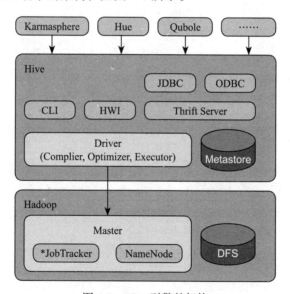

图 4-1　Hive 引擎的架构

Hive 主要组件包括 UI 组件、Driver 组件（Complier、Optimizer 和 Executor）、Metastore 组件、CLI（Command Line Interface，命令行接口）、JDBC/ODBC、Thrift Server 和 Hive Web Interface（HWI）等。

❏ **Driver 组件**：核心组件，整个 Hive 的核心，该组件包括 Complier（编译器）、Optimizer（优化器）和 Executor（执行器），它们的作用是对 Hive SQL 语句进行解析、编译优化，生成执行计划，然后调用底层的 MapReduce 计算框架。

❑ **Metastore 组件**：元数据服务组件，这个组件存储 Hive 的元数据。Hive 的元数据存储在关系数据库里，Hive 支持的关系数据库有 Derby 和 MySQL。默认情况下，Hive 元数据保存在内嵌的 Derby 数据库中，只能允许一个会话连接，只适合简单的测试，实际生产环境中不适用，为了支持多用户会话，需要一个独立的元数据库（如 MySQL），Hive 内部对 MySQL 提供了很好的支持。

❑ **CLI**：命令行接口。

❑ **Thrift Server**：提供 JDBC 和 ODBC 接入的能力，用来进行可扩展且跨语言的服务开发。Hive 集成了该服务，能让不同的编程语言调用 Hive 的接口。

❑ **Hive Web Interface（HWI）**：Hive 客户端提供了一种通过网页方式访问 Hive 所提供的服务。这个接口对应 Hive 的 HWI 组件。

Hive 通过 CLI、JDBC/ODBC 或者 HWI 接收相关的 Hive SQL 查询，并通过 Driver 组件进行编译，分析优化，最后变成可执行的 MapReduce。Hive 主要组件执行过程如图 4-2 所示。

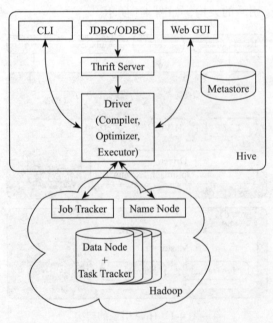

图 4-2　Hive 主要组件执行过程

4.2　Hive SQL

Hive SQL 是 Hive 用户使用 Hive 的主要工具。Hive SQL 是类似于 ANSI SQL 标准的 SQL 语言，但两者又不完全相同。Hive SQL 和 MySQL 的 SQL 方言最为接近，但两者之间也存在显著差异，比如 Hive 不支持行级数据插入、更新和删除，也不支持事务等。

本节将首先介绍 Hive 的基本概念，然后分 DDL（Data Definition Language，数据定义语言，如新建数据库、新建表、修改表等）和 DML（Data Manipulation Language，数据操纵语言，如查询表、插入表等）重点介绍 Hive SQL。

本书可能覆盖不了所有的 Hive 语法，读者可自行参阅 Hive 官方指南。

4.2.1 Hive 关键概念

1. Hive 数据库

Hive 中的数据库从本质上来说仅仅是一个目录或者命名空间，但是对于具有很多用户和组的集群来说，这个概念非常有用。首先，这样可以避免表命名冲突；其次，它等同于关系型数据库中的数据库概念，是一组表或者表的逻辑组，非常容易理解。

2. Hive 表

Hive 中的表（Table）和关系数据库中的 table 在概念上是类似的，每个 table 在 Hive 中都有一个相应的目录存储数据，如果没有指定表的数据库，那么 Hive 会通过 {HIVE_HOME}/conf/hive-site.xml 配置文件中的 hive.metastore.warehouse.dir 属性来使用默认值（一般是 /user/hive/warehouse，也可以根据实际的情况来修改这个配置），所有的 table 数据（不包括外部表）都保存在这个目录中。

Hive 表分为两类，即内部表和外部表。所谓内部表（managed table）即 Hive 管理的表，Hive 内部表的管理既包含逻辑以及语法上的，也包含实际物理意义上的，即创建 Hive 内部表时，数据将真实存在于表所在的目录内，删除内部表时，物理数据和文件也一并删除。外部表（external table）则不然，其管理仅仅是在逻辑和语法意义上的，即新建表仅仅是指向一个外部目录而已。同样，删除时也并不物理删除外部目录，而仅仅是将引用和定义删除。

考虑下面的语句：

```
CREATE TABLE my_managed_table(col1 STRING);
LOAD DATA INPATH '/user/root/test_data.txt' INTO table my_managed_table
```

上述语句会将 hdfs://user/root/data.txt 移动到 Hive 的对应目录 hdfs://user/hive/warehouse/managed_table。但是载入数据的速度非常快，因为 Hive 只是把数据移动到对应的目录，不会对数据是否符合定义的 Schema 做校验，这个工作通常在读取的时候进行（即为 Schema On Read）。

同时，my_managed_table 使用 DROP 语句删除后，其数据和表的元数据都被删除，不再存在，这就是 Hive Managed 的意思：

```
DROP TABLE my_managed_table;
```

外部表则不一样，数据的创建和删除完全由自己控制，Hive 不管理这些数据。数据的位置在创建时指定：

```
CREATE EXTERNAL TABLE external_table (dummy STRING)
    LOCATION '/user/root/external_table';
LOAD DATA INPATH '/user/root/data.txt' INTO TABLE external_table;
```

指定 EXTERNAL 关键字后，Hive 不会把数据移动到 warehouse 目录中。事实上，Hive 甚至不会校验外部表的目录是否存在。这使得我们可以在创建表之后再创建数据。当删除外部表时，Hive 只删除元数据，而不会删除外部实际物理文件。

选择内部表还是外部表？大多数情况下，这两者的区别不是很明显。如果数据的所有处理都在 Hive 中进行，那么更倾向于选择内部表。但是如果 Hive 和其他工具针对相同的数据集做处理，那么外部表更合适。一种常见的模式是使用外部表访问存储的 HDFS（通常由其他工具创建）中的初始数据，然后使用 Hive 转换数据并将其结果放在内部表中。相反，外部表也可以用于将 Hive 的处理结果导出供其他应用使用。使用外部表的另一种场景是针对一个数据集，关联多个 Schema。

3. 分区和桶

Hive 将表划分为分区（partition），partition 根据分区字段进行。分区可以让数据的部分查询变得更快。表或者分区可以进一步被划分为桶（bucket）。桶通常在原始数据中加入一些额外的结构，这些结构可以用于高效查询。例如，基于用户 ID 的分桶可以使基于用户的查询非常快。

（1）分区

假设日志数据中，每条记录都带有时间戳。如果根据时间来分区，那么同一天的数据将被划分到同一个分区中。针对每一天或者某几天数据的查询将会变得很高效，因为只需要扫描对应分区的文件。分区并不会导致跨度大的查询变得低效。

分区可以通过多个维度来进行。例如，通过日期划分之后，还可以根据国家进一步划分。

分区在创建表的时候使用 PARTITIONED BY 从句定义，该从句接收一个字段列表：

```
CREATE TABLE logs (ts BIGINT , line STRING)
PARTITIONED BY (dt STRING,country STRING);
```

当导入数据到分区表时，分区的值被显式指定：

```
LOAD DATA INPATH '/user/root/path'
INTO TABLE logs
PARTITION (dt='2001-01-01',country='GB');
```

在文件系统上，分区作为表目录的下一级目录存在，如图 4-3 所示。

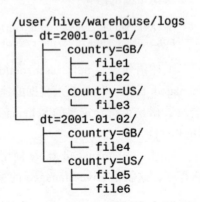

```
/user/hive/warehouse/logs
├── dt=2001-01-01/
│   ├── country=GB/
│   │   ├── file1
│   │   └── file2
│   └── country=US/
│       └── file3
└── dt=2001-01-02/
    ├── country=GB/
    │   └── file4
    └── country=US/
        ├── file5
        └── file6
```

图 4-3 Hive 分区对应的物理结构示例

实际 SQL 中，灵活指定分区将大大提高其效率，如下代码将仅会扫描 2001-01-01 目录下的 GB 目录。

```
SELECT ts , dt , line FROM logs WHERE dt= '2001-01-01' and country='GB'
```

（2）分桶

在表或者分区中使用桶通常有两个原因：一是为了高效查询。桶在表中加入了特殊的结果，Hive 在查询的时候可以利用这些结构提高效率。例如，如果两个表根据相同的字段进行分桶，则在对这两个表进行关联的时候，可以使用 map-side 关联高效实现，前提是关联的字段在分桶字段中出现。二是可以高效地进行抽样。在分析大数据集时，经常需要对部分抽样数据进行观察和分析，分桶有利于高效实现抽样。

为了让 Hive 对表进行分桶，通过 CLUSTERED BY 从句在创建表的时候指定：

```
CREATE TABLE bucketed_users(id INT, name STRING)
CLUSTERED BY (id) INTO 4 BUCKETS;
```

指定表根据 id 字段进行分桶，并且分为 4 个桶。分桶时，Hive 根据字段哈希后取余数来决定数据应该放在哪个桶，因此每个桶都是整体数据的随机抽样。

在 map-side 的关联中，两个表根据相同的字段进行分桶，因此处理左边表的 bucket 时，可以直接从外表对应的 bucket 中提取数据进行关联操作。map-side 关联的两个表不一定需要完全相同 bucket 数量，只要成倍数即可。

需要注意的是，Hive 并不会对数据是否满足表定义中的分桶进行校验，只有在查询时出现异常才会报错。因此，一种更好的方式是将分桶的工作交给 Hive 来完成（设置 hive. enforce.bucketing 属性为 true 即可）。

4.2.2 Hive 数据库

本节主要介绍 Hive 数据库的各种操作语句，总体来说，数据库操作的语句较为简单，具体如下。

1. 创建数据库

创建数据库的完整语法如下：

```
CREATE (DATABASE|SCHEMA) [IF NOT EXISTS] database_name
        [COMMENT database_comment]
        [LOCATION hdfs_path]
        [WITH DBPROPERTIES (property_name=property_value, ...)];
```

例如：

```
hive> create database my_hive_testdb if not exists
    comment 'this is my first hive database'
  with dbproperties ('creator'=hubert, 'date'='2017-01-01');
```

2. 切换数据库

切换使用另一个数据库的语法如下：

```
hive> use my_hive_testdb;
```

3. 查看数据库

查看数据库的详细信息的语法如下：

```
hive > describe database my_hive_testdb;
```

4. 删除数据库

删除指定数据库的语法如下：

```
hive > drop database my_hive_testdb;
```

默认情况下，Hive 不允许用户删除一个包含表的数据库。用户要么先删除数据库中的表，再删除数据库；要么在删除命令的最后加上关键字 CASCADE，这样 Hive 会先删除数据库中的表，再删除数据库，命令如下（务必谨慎使用此命令）：

```
hive > drop database my_hive_testdb CASCADE;
```

5. 查看所有数据库

查看所有数据库的语法如下：

```
hive > show databases;
```

4.2.3 Hive 表 DDL

1. 创建表

Hive 中创建表的完整语法如下：

```
CREATE [EXTERNAL] TABLE [IF NOT EXISTS] table_name
    [(col_name data_type [COMMENT col_comment], ...)]
    [COMMENT table_comment]
    [PARTITIONED BY (col_name data_type [COMMENT col_comment], ...)]
    [CLUSTERED BY (col_name, col_name, ...)
    [SORTED BY (col_name [ASC|DESC], ...)] INTO num_buckets BUCKETS]
    [ROW FORMAT row_format]
    [STORED AS file_format]
    [LOCATION hdfs_path]
```

❑ CREATE TABLE：用于创建一个指定名字的表，如果相同名字的表已经存在，则抛出异常。用户可以用 IF NOT EXIST 选项来忽略这个异常。

❑ EXTERNAL：该关键字可以让用户创建一个外部表，在创建表的同时指定一个指向实际数据的路径（LOCATION）。

❑ COMMENT：可以为表与字段增加描述。

❑ ROW FORMAT：用户在建表的时候可以自定义 SerDe 或者使用自带的 SerDe。如果没有指定 ROW FORMAT 或者 ROW FORMAT DELIMITED，将会使用自带的 SerDe；在创建表时，用户还需要为表指定列，同时也会指定自定义的 SerDe。Hive 通过 SerDe 确定表的具体的列的数据。

```
DELIMITED [FIELDS TERMINATED BY char] [COLLECTION ITEMS TERMINATED BY char]
[MAP KEYS TERMINATED BY char] [LINES TERMINATED BY char]
| SERDE serde_name [WITH SERDEPROPERTIES
(property_name=property_value, property_name=property_value, ...)]
```

❑ STORED AS：如果文件数据是纯文本，则使用 STORED AS TEXTFILE；如果数据需要压缩，则使用 STORED AS SEQUENCE。

```
SEQUENCEFILE
| TEXTFILE
| RCFILE
|INPUTFORMAT input_format_classname OUTPUTFORMAT
output_format_classname
```

一条简单的建表语句如下：

```
hive> CREATE TABLE pokes (foo INT, bar STRING);
```

❑ LIKE：允许用户复制现有的表结构，但是不复制数据。

用户还可以通过复制现有表的方式来创建表（数据不会被复制，复制的仅仅是表结构，也就是创建一个空表）。

```
hive> CREATE TABLE empty_key_value_store
    LIKE key_value_store;
```

另外，还可以通过 CREATE TABLE AS SELECT 的方式来创建表，示例如下：

```
Hive> CREATE TABLE new_key_value_store
    ROW FORMAT
SERDE "org.apache.Hadoop.hive.serde2.columnar.ColumnarSerDe"
    STORED AS RCFile
    AS
SELECT (key % 1024) new_key, concat(key, value) key_value_pair
FROM key_value_store
SORT BY new_key, key_value_pair;
```

2. 修改表

修改表名的语法如下：

```
hive> ALTER TABLE old_table_name RENAME TO new_table_name;
```

修改列名的语法如下：

```
ALTER TABLE table_name CHANGE [COLUMN] old_col_name new_col_name column_type
[COMMENT col_comment] [FIRST|AFTER column_name]
```

上述语法允许改变列名、数据类型、注释、列位置或者它们的任意组合。建表后如果需要新增一列，则使用如下语法：

```
hive> ALTER TABLE pokes ADD COLUMNS (new_col INT COMMENT 'new col comment');
```

3. 删除表

DROP TABLE 语句用于删除表的数据和元数据。对于外部表，只删除 Metastore 中的元数据，而外部数据保存不动，示例如下：

```
drop table my_table;
```

如果只想删除表数据，保留表结构，跟 MySQL 类似，使用 TRUNCATE 语句：

```
TRUNCATE TABLE my_table;
```

4. 插入表

（1）向表中加载数据

```
LOAD DATA [LOCAL] INPATH 'filepath' [OVERWRITE] INTO TABLE tablename [PARTITION
(partcol1=val1, partcol2=val2 ...)]
```

Load 操作只是单纯的复制 / 移动操作，将数据文件移动到 Hive 表对应的位置。filepath 可以是相对路径，例如 project/data1，也可以是绝对路径，例如 /user/hive/project/data1，或是包含模式的完整 URI，例如 hdfs://namenode:9000/user/hive/project/data1。

相对路径的示例如下：

```
hive> LOAD DATA LOCAL INPATH './examples/files/kv1.txt' OVERWRITE INTO TABLE
pokes;
```

（2）将查询结果插入 Hive 表

将查询结果写入 HDFS 文件系统。

1）基本模式：

```
INSERT OVERWRITE TABLE tablename1 [PARTITION (partcol1=val1, partcol2=val2 ...)]
select_statement1 FROM from_statement
```

2）多插入模式：

```
INSERT OVERWRITE TABLE tablename1
[PARTITION (partcol1=val1, partcol2=val2 ...)] select_statement1
[INSERT OVERWRITE TABLE tablename2 [PARTITION ...]
select_statement2] ...
```

3）自动分区模式：

```
INSERT OVERWRITE TABLE tablename PARTITION (partcol1[=val1], partcol2[=val2] ...)
select_statement FROM from_statement
```

4.2.4 Hive 表 DML

1. 基本的 select 操作

Hive 中 select 操作的语法如下：

```
SELECT [ALL | DISTINCT] select_expr, select_expr, ...
FROM table_reference
[WHERE where_condition]
[GROUP BY col_list [HAVING condition]]
[   CLUSTER BY col_list
| [DISTRIBUTE BY col_list] [SORT BY| ORDER BY col_list]
]
[LIMIT number]
```

❏ 使用 ALL 和 DISTINCT 选项区分对重复记录的处理。默认是 ALL，表示查询所有记录，DISTINCT 表示去掉重复的记录。

❏ WHERE 条件：类似于传统 SQL 的 where 条件，支持 AND、OR、BETWEEN、IN、NOT IN 等。

❏ ORDER BY 与 SORT BY 的不同：ORDER BY 指全局排序，只有一个 Reduce 任务，而 SORT BY 只在本机做排序。

❏ LIMIT：可以限制查询的记录数，如 SELECT * FROM t1 LIMIT5，也可以实现 Top k 查询，比如下面的查询语句可以查询销售记录最多的 5 个销售代表：

```
SET mapred.reduce.tasks = 1
SELECT * FROM test SORT BY amount DESC LIMIT 5
```

❏ REGEX Column Specification：select 语句可以使用正则表达式做列选择，下面的语句查询除了 ds 和 hr 之外的所有列：

```
SELECT `(ds|hr)?+.+` FROM test
```

2. join 表

Hive 中 join 表的语法如下：

```
    join_table:
        table_reference [INNER] JOIN table_factor [join_condition]
    | table_reference {LEFT|RIGHT|FULL} [OUTER] JOIN table_reference join_
condition
    | table_reference LEFT SEMI JOIN table_reference join_condition
    | table_reference CROSS JOIN table_reference [join_condition] (as of Hive
0.10)

    table_reference:
```

```
        table_factor
    | join_table

table_factor:
        tbl_name [alias]
    | table_subquery alias
    | ( table_references )

join_condition:
    ON expression
```

对 Hive 中表 join 操作的说明以及注意事项如下。

1）Hive 只支持等值连接、外连接和左半连接（left semi join），Hive 不支持所有非等值的连接，因为非等值连接很难转化到 map/reduce 任务（从 2.2.0 版本后开始支持非等值连接）。

2）可以连接 2 个以上的表，例如：

```
SELECT a.val, b.val, c.val FROM a JOIN b ON (a.key = b.key1) JOIN c ON (c.key =
    b.key2)
```

3）如果连接中多个表的 join key 是同一个，则连接会被转化为单个 Map/Reduce 任务，例如：

```
SELECT a.val, b.val, c.val FROM a JOIN b ON (a.key = b.key1) JOIN c ON (c.key =
    b.key1)
```

4）join 时大表放在最后。这是因为每次 Map/Reduce 任务的逻辑是这样的：Reduce 会缓存 join 序列中除最后一个表之外的所有表的记录，再通过最后一个表将结果序列化到文件系统，因此实践中，应该把最大的那个表写在最后。

5）如果想限制 join 的输出，应该在 WHERE 子句中写过滤条件，或是在 join 子句中写，但是表分区的情况很容易混淆，比如下面的第一个 SQL 语句所示，如果 d 表中找不到对应 c 表的记录，d 表的所有列都会列出 NULL，包括 ds 列。也就是说，join 会过滤 d 表中不能找到匹配 c 表 join key 的所有记录。这样，LEFT OUTER 就使得查询结果与 WHERE 子句无关，解决办法是在 join 时指定分区（如下面的第二个 SQL 语句所示）：

```
// 第一个 SQL 语句：
SELECT c.val, d.val FROM c LEFT OUTER JOIN d ON (c.key=d.key)
    WHERE a.ds='2010-07-07' AND b.ds='2010-07-07 '
// 第二个 SQL 语句：
SELECT c.val, d.val FROM c LEFT OUTER JOIN d
    ON (c.key=d.key AND d.ds='2009-07-07' AND c.ds='2009-07-07')
```

6）LEFT SEMI JOIN 是 IN/EXISTS 子查询的一种更高效的实现。其限制是：JOIN 子句中右边的表只能在 ON 子句中设置过滤条件，在 WHERE 子句、SELECT 子句或其他地方过滤都不行。

```
SELECT a.key, a.value
```

```
FROM a
WHERE a.key in
    (SELECT b.key
    FROM B);
```

可以被重写为：

```
SELECT a.key, a.val
    FROM a LEFT SEMI JOIN b on (a.key = b.key)
```

4.3　Hive SQL 执行原理图解

对于 Hive 的使用者来说，掌握 4.2 节所介绍的 Hive DDL 和 DML 是最基本的要求，这在实际项目中是远远不够的。在实际项目实践中，经常会碰到诸如"这个 Hive SQL 怎么这么久了还执行不出来？""明明数据量没有多大，怎么这个 Hive SQL 会花费这么多时间？""为什么我的 Hive SQL 一直 hang 在哪里？"等问题。

当然，这实际上涉及 Hive SQL 优化的问题，而要掌握 Hive SQL 优化问题，则必须理解其背后的执行原理和机制。

在大数据时代，存储和计算是比较廉价了，运算能力更是非常强大了，但是大数据也不是毫无成本的。

一个好的 Hive SQL 和一个写得不好的 Hive SQL 对底层计算和资源的使用可能相差百倍甚至千倍、万倍，而一个计算集群的 slot 是有限的（尤其在实际项目中，你所在的部门被分配的 slot 更是有限的），一个使用者不恰当地使用 Hive SQL 可能会独占了整个集群的资源，导致其他使用者只能等待。如果是生产环境的任务，更有可能会带来生产的故障。

除了对资源的浪费之外，对于使用者而言，不恰当地使用 Hive SQL 有可能运行几个小时甚至十几个小时都得不到运算结果，而如果恰当使用，则可能几分钟就会得到运算结果，因此掌握 Hive SQL 的使用对于工作效率也是非常大的提升。

鉴于此，本节将会重点介绍 Hive SQL 的执行过程和原理。笔者认为，实际业务需求使用的 Hive SQL 可能千变万化，SQL 逻辑也可能从简单的一行到几百上千行，但是其基本模式大致可以归为三类。

❏ select 语句：比如 select order_id,buyer_id, seller_id from orders_table where cate_name=' 手机 ' and order_city=' 杭州 '。实际中 where 条件可能更为复杂而且会有 and/or 等各种组合。

❏ group by 语句：比如 select city,count(0) from orders_table group by city。

❏ join 语句：即连接两个表，实际中也可能连接多个表。

实际 Hive SQL 开发中，只不过是将上述三种情况的组合，因此下面将分别针对上述三种情况介绍其后台执行机制和原理。

此外，下面介绍中将不会介绍 Hive 源码、API、Hive 编译、优化和执行等具体技术细节内容。这些对于 Hive SQL 使用者来说，实际工作中基本不会涉及，但是其后台执行流程和原理则是必须理解并掌握的，本节也是本章的核心内容。

4.3.1 select 语句执行图解

考虑如下的 Hive SQL 语句：

```
select order _id, buyer_id,cate_name from orders_table where day='20170101' and cate_name='iphone7';
```

其业务背景是希望分析苹果手机 iPhone7 的客户情况，那么第一步是必须将 iPhone7 订单的明细抓取出来。此 Hive SQL 将 2017 年 1 月 1 日当天所有购买的商品是 iPhone7 的所有订单明细抓取出来，以此作为分析的基础准备数据。实际抓取出来的记录可能数据量非常大，这里只是示例，读者可以加上 limit 语句（如 limit 1000）或者创建一个表保存上述 select 语句的结果，命令形式如：create table your_table_name as 你的 select 语句）。

那么，上述 select 语句在底层的 Hadoop 集群以及 MapReduce 上是如何执行的呢？

其执行过程大图如图 4-4 所示。

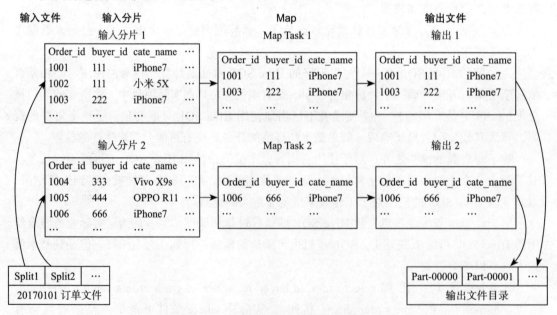

图 4-4 Hive Select 语句执行原理图解

Hive SQL 是被翻译成 MapReduce 任务执行的，所以 Hive SQL 的执行阶段和 MapReduce 任务执行过程是一样的，也分为输入分片、Map 阶段、Shuffle 阶段和 Reduce 阶段等，下面结合上述过程大图逐一说明上述各个阶段。

（1）输入分片

实际项目设计中，订单表通常都会进行分区，一般按照自然天进行分区，所以上述

SQL 限制 day=20170101 实际上就限制了 day=20170101 的分区文件（如果不限制分区条件，Hadoop 会读取订单的所有文件，假如有两年 730 天的订单，那么就会读取这两年的所有订单文件，这就是上面所说的不恰当的 Hive SQL，这会给 Hadoop 集群带来很多不必要的成本和开销），这样 Hadoop 就只会读取 20170101 的订单文件。同时，Hadoop 会根据文件大小，对文件进行分片，假设 20170101 的订单文件为 300MB，分片（split）大小为 128MB（Hadoop1.x 是 64MB，Hadoop2.x 为 128MB，此大小可通过参数配置），那么对于此任务 split 个数为 3，其大小分别为：128MB、128MB 和 44MB。

（2）Map 阶段

Map 任务的个数由分片阶段的 SPLIT 个数决定，上面 SQL 的输入文件（即 20170101 订单文件）被分成了三个输入分片，那么 Hadoop 集群就会启动 3 个 Map 任务（图 4-3 简化期间，仅画出了两个 Map Task）。每个 Map 任务接收自己的分片文件，并在 Map 函数中逐行对输入文件进行检查：商品类目是否为 iPhone7？不是的话，将其过滤；是的话，获取 select 语句中指定的列值，并保存到本地文件中。

（3）Shuffle 和 Reduce 阶段

此 SQL 任务不涉及数据的重新分发和分布，不需要启动任何的 Reduce 任务。

（4）输出文件

Hadoop 直接合并 Map 任务的输出文件到输出目录，对于本例，只需将各个 Map 任务的本地输出合并到输出目录即可。

Hive 的 select 语句执行较为直接和简单，但是请理解其并行执行的概念。上述文件只有 300MB，但是如果输入文件是 3GB 甚至 3TB 呢？对于 Hadoop 来说，只需启动更多的 Map 任务即可。比如输入文件为 3GB，那么需要启动（3*1024）MB/128MB=24 个 Map 任务，输入文件为 3TB，需要启动（3*1024*1024）MB/128MB=24576 个 Map 任务，不考虑集群对 Map 任务数的限制，上述 select 语句的输入文件 300MB、3GB 和 3TB 的执行时间通常在一个数量级，比如 300MB 的花费时间为 1 分钟，那么即使是 3TB，执行时间也会在分钟级别。

这是因为所有 Map 任务都是并行执行的，这也是 Hadoop 的优势所在，只需增加相应的机器和节点，就能处理更多的数据。对于实际用户来说，Hive SQL 逻辑是一样的，无须做特殊处理，但是正如上述所说，请只使用所需的数据（通过指定分区条件），从而不对 Hadoop 集群的计算和存储资源带来不必要的开销。

4.3.2 group by 语句执行图解

数据分析中使用最为频繁的就是 group by 语句，下面详细介绍 Hive 的 group by 语句在 Hadoop 集群以及 MapReduce 上执行的方法。

假如业务人员希望分析购买 iPhone7 客户在各城市中的分布情况，即哪个城市购买得最多、哪个城市购买得最少。此业务需求可用如下的 Hive SQL 来实现：

```
Select city,count(oder_id) as iphone7_count from orders_table where
day='20170101' and cate_name='iphone7'group by city;
```

上面的 SQL，会对 city 进行分组，统计各城市的 iPhone 订单数量，计算出每个城市的订单量，对其排序，自然很容易确定出哪个城市 iPhone7 卖得最好、哪个城市卖得最差。

上述 Hive group by 语句的执行大图如图 4-5 所示（注意，为了说明方便，下面大图将所有的 cate_name 都改成了 iPhone7）：

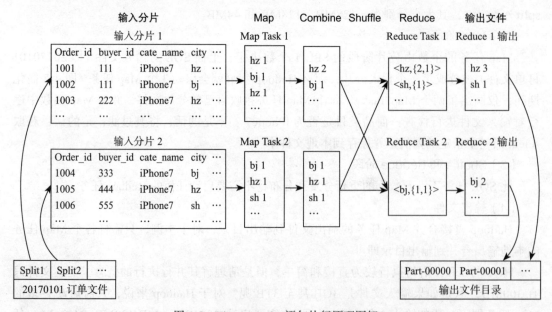

图 4-5　Hive group by 语句执行原理图解

Hive SQL 的 group by 语句涉及数据的重新分发和分布，因此其执行过程完整地包含了 MapReduce 任务的执行过程。

（1）输入分片

group by 语句的输入文件依然为 day=20170101 的分区文件，其输入分片过程和个数同 select 语句，也是被分为大小分别为：128MB、128MB、44MB 的三个分片文件。

（2）Map 阶段

Hadoop 集群同样启动三个 Map 任务，处理对应的三个分片文件；每个 map 任务处理其对应分片文件中的每行，检查其商品类目是否为 iPhone7，如果是，则输出形如 <city,1> 的键值对，因为需要按照 city 对订单数目进行统计（注意和 select 语句的不同）。

（3）Combiner 阶段

Combiner 阶段是可选的，如果指定了 Combiner 操作，那么 Hadoop 会在 Map 任务的本地输出中执行 Combiner 操作，其好处是可以去除冗余输出，避免不必要的后续处理和网络传输开销等。在此例中，Map Task1 的输出中 <hz,1> 出现了两次，那么 Combiner 操作就可

以将其合并为 <hz, 2>。但 Combiner 操作是有风险的，使用它的原则是 Combiner 的输出不会影响到 Reduce 计算的最终输入，例如，如果计算只是求总数、最大值和最小值，可以使用 Combiner，但是如果做平均值计算使用了 Combiner，最终的 Reduce 计算结果就会出错。

（4）Shuffle 阶段

Map 任务的输出必须经过一个名叫 Shuffle 的阶段才能交给 Reducer 处理。Shuffle 过程是 MapReduce 的核心，指的是 Map 任务输出到 Reduce 任务输入的整个处理过程。完整的 Shuffle 过程包含了分区（partition）、排序（sort）和分隔（spill）、复制（copy）、合并 (merge) 等过程，同时 Shuffle 又分为了 Map 端和 Reduce 端的 Shuffle。

对于理解 Hive SQL 的 group by 语句来说，关键的过程实际就两个，即分区和合并，所谓分区，即 Hadoop 如何决定将每个 Map 任务的、每个输出键值对分配到那个 Reduce Task。所谓合并，即在一个 Reduce Task 中，如何将来自于多个 Map Task 的同样一个键的值进行合并。

以上述大图为例，Map Task1 的输出包含了 <hz,2> 和 <bj,1> 两个键值对，那么 Map Task1 应该将上述键值对传递给 Reduce Task1 还是 Reduce Task2 处理呢？Hadoop 中最为常用的分区方法是 Hash Partitioner，即 Hadoop 会对每个键取 hash 值，然后再对此 hash 值按照 reduce 任务数目取模，从而得到对应的 reducer，这样保证相同的键，肯定被分配到同一个 reducr 上，同时 hash 函数也能确保 Map 任务的输出被均匀地分配到所有的 Reduce 任务上。

多个 reduce 任务的同样键值对会被 partiton 过程分配到同样的 Reduce Task 上，而 merge 操作即将它们的值进行合并，比如对于 key=hz 的键值对，Map Task1 的输出为 <hz,2>，Map Task2 的输出为 <hz,1>，Reduce Task1 的 merge 过程会将其合并为 <hz,{2,1}>，从而作为 Reduce Task1 的输入。

（5）Reduce 阶段

对于 group by 语句，Reduce Task 接收形如 <hz,{2, 1}> 的输入。Reduce Task 只需调用 reduce 函数逻辑将它们汇总即可，对于 <hz,{2, 1}>，即得到 2+1=3。同样如果输入为 <hz,{2, 1, 2, 3}>，则得到 2+1+2+3=8，每个 Reduce 任务的输出存到本地文件中。

（6）输出文件

Hadoop 合并 Reduce Task 任务的输出文件到输出目录，对于本例，只需将各两个 Reduce Task 的本地输出合并到输出目录即可。

4.3.3 join 语句执行图解

除了 group by 语句，数据分析中还经常需要进行关联分析，也就是需要对两个表进行 join 操作，比如业务人员希望分析购买 iPhone7 的客户的年龄分布情况，订单表只包含了客户的 ID，客户的年龄保存在另一个买家表中，此时就需要对订单表和客户表进行 join 才能得到分析的结果，相关的 SQL 如下：

```
Select t1.order_id,t1.buyer_id,t2.age
From
(
select order_id,buyer_id
from orders_table
where day='20170101' and cate_name='iphone7'
) t1
Join
(
select buyer_id,age from buyer_table where buyer_status=' 有效 '
) t2
On t1.buyer_id=t2.buyer_id ;
```

上述的 join SQL 在 Hadoop 集群中会被拆分成三个 MapReduce 任务。

❑ 第一个 MapReduce 任务：就是 t1 表部分，具体过程实际上就是 4.3.1 节的 select 语句部分，不过此时的输出文件仅包含 order_id 和 buyer_id 列。

❑ 第二个 MapReduce 任务：就是 t2 表部分，同样类似于 4.3.1 节的 select 语句部分，不过此时表变为了 buyer 表，输出列变为了 buyer_id 和 age，同时过滤条件变为了 buyer_status=' 有效 '。

❑ 第三个 MapReduce 任务：即 t1 和 t2 表 join 过程，它将第一和第二的结果文件输出进行关联合并，然后输出。

上述 Hive join 语句的执行大图如图 4-6 所示（为了说明方便，第一个 MapReduce 任务和第二个 MapReduce 任务的执行过程大图不再展示，具体请参考 4.3.1 节的 select 语句执行大图，这里直接使用它们的输出文件）。

Hive SQL 的 join 语句也涉及数据的重新分发和分布，但不同于 group by 语句的是，group by 语句会根据 group by 的列进行数据重分布和分发，而 join 语句则根据 join 的列进行数据的重分布和分发（在此即为根据 buyer_id 进行数据重分发和分布）。

（1）输入分片

join 语句的输入文件包括第一个 MapReduce 任务和第二个 MapReduce 任务的输出文件。对于 Hadoop 来说，依然会对它们根据文件大小进行分片，假如第一个输出文件的大小为 150MB，那么会有两个分片：即 128MB 的分片和 22MB 的分片。第二个 MapReduce 任务的输出文件也会按照这样的方式划分分片。上面的大图为了简便起见，对每个输出文件都只画出了一个分片输出。

（2）Map 阶段

Hadoop 集群会对两个输出文件的 split 结果数据启动相应数目的 Map Task，比如第一个输出文件包含了两个 split，那么第一个输出文件会启动两个 map task，第二个输出文件类似，为了简单起见，图 4-5 只画了两个输出文件的一个 Map 任务。

（3）Shuffle 阶段

对于 join 语句，Shuffle 过程主要是 Partition，即根据其 join 的列进行数据的重分布和分发的过程。join 语句 partition 列即为 join 的列，在此为 buyer_id，因此对于输出文件 1 和 2 对应的所有 Map 任务，其输出将会根据 buyer_id 的值进行数据的重新分发和分布。

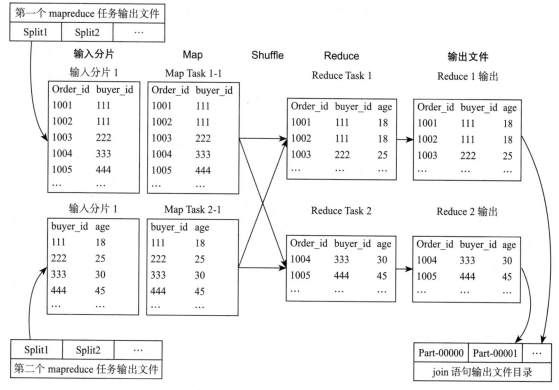

图 4-6　Hive join 语句执行原理图解

join 过程的 key 分发规则类似于 group by 语句，最常用的 partition 方法也为 Hash Partitioner，即会对每个 join 的键取 hash 值，然后对此 hash 值按照 Reduce 任务数目取模，从而得到对应的 Reducer，这样保证相同的 join 键，肯定被分配到同一个 reducer 上，从而完成列的关联。

图 4-5 中假定，buyer_id 为 111 和 222 的都会按照上述规则被分发到 Reduce Task1，而 buyer_id 为 333 和 444 的都会被分到 Reduce Task2。

（4）Reduce 阶段

join 语句的 Reduce 过程，是根据 join 键值将其他列关联进来的过程，比如对于 buyer_id=222 的列，Map Task1-1 的 order_id=1003 buyer_id=222 的行会被分发到 Reduce Task1 上，而 Map Task2-1 的 buyer_id=222 age=25 的列也会被分发到 Reduce Task1 上（因为它们的 buyer_id 都等于 222），此时 Reduce Task1 就根据 buyer_id 将它们的值关联合并成一行，并写入本地的输出文件中。

在此需要注意的是，如果 buyer 表中买家存在重复，那么 Reduce 任务的输出也会存在重复，比如 buyer 表中存在分别为 buyer_id=222 age=25 和 buyer_id=222 age=26 的两行数据，那么订单表中的 order_id=1003 buyer_id=222 的行会被重复两次，即结果将为：

```
order_id=1003 buyer_id=222 age=25
order_id=1003 buyer_id=222 age=26
```

买家表中 buyer_id 重复几行，输出就会重复几次。其他订单买家如果有重复，也与此类似。

（5）输出文件

Hadoop 合并 Reduce Task 任务的输出文件到输出目录，在本例中，只需将每两个 Reduce Task 的本地输出合并到输出目录即可。

上述 join 语句涉及两个表的 join，那么如果是多表 join 呢？比如还有一个买家粒度为 30 天的成交汇总表（比如包含其最近 30 天的成交量、成交金额等），加入 SQL 语句如下：

```
Select t1.order_id,t1.buyer_id,t2.age,t3.byr_order_count_30d
From
(
select order_id,buyer_id
from orders_table
where day='20170101' and cate_name='iphone7'
) t1
Join
(
select buyer_id,age from buyer_table where buyer_status='有效'
) t2
On t1.buyer_id=t2.buyer_id
Join
(
select buyer_id,byr_order_count_30d from buyer_stat_table
) t3
On t1.buyer_id=t3.buy_id
```

此 SQL 的执行过程和上面类似，只不过多了一个 t3 表。由于三个表都是通过 buyer_id 来 join，因此三个表的行都会根据 buyer_id 在 Shuffle 过程进行分发，同一个 buyer_id 的三个表的行都会到一个 Reduce Task 上完成关联并输出结果。

那么如果 t1 表和 t3 表不是通过 buyer_id 关联，假如 t3 表是卖家表，join 的 SQL 如下：

```
Select t1.order_id,t1.buyer_id,t2.age,t3.seller_star_level
From
(
select order_id,buyer_id,seller_id
from orders_table
where day=20170101 and cate_name='iphone7'
) t1
Join
(
```

```
select buyer_id,age from buyer_table where buyer_status='有效'
) t2
On t1.buyer_id=t2.buyer_id
Join
(
select seller_id,seller_star_level from seller_table
) t3
On t1.seller_id=t3.seller_id
```

也就是说，t1 订单表通过 buyer_id 和 t2 买家表关联，通过 seller_id 和 t3 卖家表关联，那么其执行过程又是如何的呢？

上述 SQL 实际上可以拆分成两次 join：t1 表和 t2 表通过 buyer_id 关联，其结果再和 t3 表通过 seller_id 关联，Hadoop 实际上也就是这样处理的；这样实际上数据被 Shuffle 和 Reduce 了两次，第一次 t1 表和 t2 表根据 buyer_id 被分发和关联（第一次 Shuffle 和 Reduce），然后其结果再和 t3 表根据 seller_id 被分发和关联（第二次 Shuffle 和 Reduce），所以多表关联花费的时间肯定更长，因此其需要完成两次顺序的 Reduce 过程。

对于更多表的 join，均可根据上述过程来完成，读者可以自己分析，在此不做过多说明。

4.4　Hive 函数

用户实际使用 Hive 处理和分析数据时，经常会用到 Hive 函数。Hive 函数分为内置函数和用户自定义函数：内置函数即 Hive 自带的函数，而用户自定义函数（user defined function）即用户在使用 Hive 过程中发现使用频繁但是 Hive 又不提供的函数。通常来说，内置函数就能满足绝大部分的数据处理和分析需求。如果用户发现需要自己开发 Hive 函数，请参考 Hive 的 UDF 开发指南，在此不做详述。

除了从内置和用户自定义来划分函数外，Hive 函数还可划分为一般函数、聚合函数、窗口函数、其他函数等，这里仅根据开发实践总结了使用最为频繁的 Hive 函数，如下表 4-1 所示。

表 4-1　Hive 常用函数列表

函数类型	函数列表
日期函数	Date_add、datediff、to_date、from_unixtime、unix_timestamp 等
字符串函数	substr、concat、concat_ws、split、regexp_replace、regexp_extract、get_json_object、trim、instr、length 等
数字函数	Abs、ceil、floor、round、rand、pow 等
聚合函数	Count、max、min、avg、count distinct、sum、group_concat 等
窗口函数	Row_number、lead、lag、rank、max、min、count 等（此处的 max、min、count 等不同于聚合函数的，区别在于此处的计算在当前窗口内）
其他函数	Coalesce、cast、decode、行列转换如 lateral view、explode 等

4.5 其他 SQL on Hadoop 技术

Hive 是 SQL on Hadoop 技术中使用最早也最为广泛的一个。实际上，除了 Hive，当前 Hadoop 生态圈内还有其他 SQL on Hadoop 的技术，如 Impala、Drill、HAWQ、Presto、Dremel 等。在众多令人眼花缭乱的框架中，数据开发工程师可根据实际项目情况重点掌握其中的某一或几个，对于其他 SQL on Hadoop 技术，仅做了解即可。

此外，本节试图从另一个角度来阐述这些技术。

作为一项完全开源的技术，Hadoop 及其源代码是完全开源和免费的，但是企业使用的成本并不是免费的，通常企业只是 Hadoop 的使用者，其人员一般并不十分清楚 Hadoop 的内核。而企业本身为了业务的正常开展，都会要求使用的软件是稳定的、包含众多的高级企业级功能、出了问题能够得到快速的技术支持，但是这些需求是开源的 Hadoop 版本所无法满足的，所以实际上在 Hadoop 生态圈内，除了有非营利性的机构如 Apache 基金会，还存在很多商业性的公司。

Hadoop 生态圈内最为著名的公司无疑是 Cloudera，它也是最早将 Hadoop 商用的公司，Hadoop 的创始人 Doug Cutting 也曾就职于该公司。Cloudera 的商用 Hadoop 产品 CDH（Cloudera Distribution Hadoop）也是目前国内最为流行的 Hadoop 版本。

Hadoop 生态圈中另一个著名的公司是 Hortonworks。Hortonworks 是雅虎（正如前文所言，Hadoop 正是在雅虎壮大并贡献给开源社区的）与硅谷风投公司 Benchmark Capital 合资组建的公司，该公司于成立之初吸纳了 25 ～ 30 名专门研究 Hadoop 的雅虎工程师，而这些工程师正是 2005 年在雅虎开发 Hadoop 的主要力量——实际上这些工程师贡献了 Hadoop 80% 的代码。Hortonworks 的主打产品是 Hortonworks Data Platform（HDP），这也是和 Apache 开源版兼容性最好的商业发行版本。

MapR 是另一家较为知名的 Hadoop 商业公司，该公司认为 Hadoop 的性能、可靠性、可扩展性以及企业级应用的弱点是其架构设计本身引起的，小修小补不能解决问题，于是用新架构重写了 HDFS，以解决上述问题，因此 MapR 发行版通常被认为是性能最强的 Hadoop 发行版本。

除了 Cloudera、HortonWorks、MapR 外，EMC、Intel 和华为等大型公司也有自己的 Hadoop 商用发行版本。

Impala、Drill、HAWQ、Presto、Dremel 等 SQL on Hadoop 的技术正和这些商业性的公司以及其他公司（Facebook，Google）相关。

（1）Impala

Impala 是由 Cloudera 构建、一个针对 Hadoop 的、开源的 "交互式" SQL 查询引擎。和 Hive 一样，Impala 也提供了一种可以针对已有的 Hadoop 数据编写 SQL 查询的方法。与 Hive 不同的是，Impala 并没有使用 MapReduce 执行查询，而是用了自己的执行守护进程集合——这些进程需要与 Hadoop 数据节点安装在一起。

Impala 的设计目标是作为 Apache Hive 的一个补充，因此如果需要比 Hive 更快的数据访问，那么它可能是一个比较好的选择。但是为了最大限度地发挥 Impala 的优势，需要将自己的数据存储为特定的文件格式（Parquet）。

另外，还需要在集群上安装 Impala 守护进程。

（2）Drill

Apache Drill 是由 MapR 推进的一个能够对大数据进行交互分析、开源的分布式系统，是 Google Dremel 的开源实现，其本质是一个分布式的 MPP 查询层，支持 SQL 及一些用于 NoSQL 和 Hadoop 数据存储系统上的语言。

Apache Drill 由 MapR 于 2012 年提出并构建团队，期间冷落了两年多，最终在 2014 年年底完成，并于 2015 年发布了 1.0 版本。目前 Apache Drill 使用得并不广泛。

（3）HAWQ

HAWQ 是 EMC Pivotal 公司的一个非开源产品，作为该公司专有 Hadoop 版本"Pivotal HD"的一部分提供。HAWQ 于 2012 年作为一款商业许可的高性能 SQL 引擎推出，在尝试市场营销时取得了小小的成功。Pivotal 于 2015 年 6 月将项目捐献给了 Apache，并于 2015 年 9 月进入了 Apache 孵化器程序。2016 年 12 月，HAWQ 团队发布了 HAWQ 2.0.0.0。Pivotal 宣称 HAWQ 是"世界上最快的 Hadoop SQL 引擎"。

（4）Presto

Presto 是 Facebook 于 2013 年 11 月开源的一个分布式 SQL 查询引擎，专门用于进行高速、实时的数据分析。Presto 采用的方法类似于 Impala，不采用 MapReduce 进行数据查询。Presto 是一个分布式系统，由一个协调器（coordinator）和多个 workers。查询时客户端提交到协调器，协调器负责解析、分析和安排查询到不同的 worker 上执行。

目前 Facebook、Airbnb 和 Dropbox 都在使用 Presto。Presto 也是一个非常活跃的项目，有一个巨大的和充满活力的贡献者社区。

（5）Dremel

Dremel 是 Google 的"交互式"数据分析系统，采用嵌套的数据模型和列式存储数据。利用 Dremel 可以组建成规模上千的集群，处理 PB 级别的数据。一般来说，MapReduce 处理数据需要分钟级的时间，而 Dremel 将处理时间缩短到秒级。

Dremel 并非 MapReduce 的替代品，而是作为 MapReduce 的有力补充而设计的。使用 Dremel 可以执行非常快的分析，主要用于即时分析等场景。Apache Drill 是 Dremel 的开源实现。

Google 于 2010 年在《Dremel: Interactive Analysis of WebScaleDatasets》一文中公开了 Dremel 的设计原理。

根据 2017 年 1 月 DB-Engines.com 的调查，主流 SQL on Hadoop 工具的流行度如图 4-7 所示。

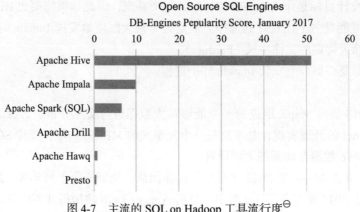

图 4-7　主流的 SQL on Hadoop 工具流行度[⊖]

4.6　本章小结

本章主要介绍 Hive 的相关知识。本章首先介绍了 Hive 的产生背景、优缺点和技术架构等，然后重点介绍了 Hive SQL，包括其基本概念、Hive 数据库的主要操作、Hive 表的主要操作以及 Hive 查询的各种操作等。Hive 表以及 Hive 查询是本章的重点。请读者仔细阅读掌握。

本章 4.3 节继续介绍了 Hive SQL 的执行原理。要知其然，并要知其所以然，理解 Hive 的执行原理是写高效 SQL 的前提和基础，也是掌握 Hive SQL 优化技巧的根本。

最后，本章还介绍了 Hive 的内置函数，并就当前的 SQL on Hadoop 技术做了概要介绍，以使读者对当前的技术发展现状和趋势有所了解。

就目前的大数据处理现状来说，Hive 仍然是离线数据处理的主要工具和技术，因此数据开发工程师以及数据的其他相关人员必须加以掌握并熟练运用。

⊖　来源：DB-Engines，2017 年 1 月 http://db-engines.com/en/ranking。

Hive 优化实践

不管是对于流行的分布式数据计算框架（如离线的 MapReduce、流计算 Storm、迭代内存计算 Spark），还是分布式计算框架新贵（如 Flink、Beam），抑或是商业性的大数据解决方案（如 Teradata 数据库、EMC Greeplum、HP Vertica、Oracle Exadata），"数据量大"从来都不是问题，因为理论上来说，都可以通过增加并发的节点数来解决。

但是如果数据倾斜或者分布不均了，那么就会是问题。此时不能简单地通过增加并发节点数来解决问题，而必须采用针对性的措施和优化方案来解决。

这也正是本章将要讨论的主要内容。实际上，Hive SQL 的各种优化方法基本都和数据倾斜密切相关，因此本章首先介绍"数据倾斜"的基本概念，然后在此基础上仔细介绍各种场景下的 Hive 优化方案。

Hive 的优化分为 join 相关的优化和 join 无关的优化，从项目实际来说，join 相关的优化占了 Hive 优化的大部分内容，而 join 相关的优化又分为 mapjoin 可以解决的 join 优化和 mapjoin 无法解决的 join 优化。本章将会逐一详细介绍其优化方法和原理。

完全理解本章所介绍的 Hive 优化方法需要对于 Hive 的运行原理和机制有较深入的认识，因此如果读者没有阅读第 4 章 Hive 原理实践，请确保已经掌握了 Hive SQL 的运行原理和机制。

5.1 离线数据处理的主要挑战：数据倾斜

在进入具体的 Hive 各个场景优化之前，首先介绍"数据倾斜"的概念。

实际上，并没有专门针对数据倾斜给出的一个理论定义。"倾斜"应该来自于统计学里的偏态分布。所谓偏态分布，即统计数据峰值与平均值不相等的频率分布，根据峰值小于或大于平均值可分为正偏函数和负偏函数，其偏离的程度可用偏态系数刻画。数据处理中的倾斜和此相关，但是含义有着很多不同。下面着重介绍数据处理中的数据倾斜。

对于分布式数据处理来说，我们希望数据平均分布到每个处理节点。如果以每个处理节点为 X 轴，每个节点处理的数据为 Y 轴，我们希望的柱状图是图 5-1 所示的样式。

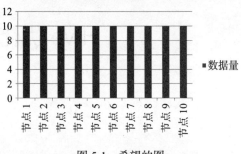

图 5-1 希望的图

但是实际上由于业务数据本身的问题或者分布算法的问题，每个节点分配到的数据量很可能是图 5-2 所示的样式。

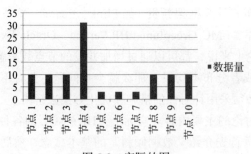

图 5-2 实际的图

更极端情况下还可能是图 5-3 所示的样式。

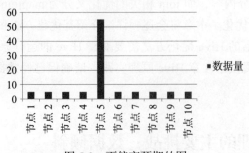

图 5-3 更偏离预期的图

也就是说，只有待分到最多数据的节点处理完数据，整个数据处理任务才能完成，此时分布式的意义就大打折扣。实际上，即使每个节点分配到的数据量大致相同，数据仍然可能倾斜，比如考虑统计词频的极端问题，如果某个节点分配到的词都是一个词，那么显然此节点需要的耗时将很长，即使其数据量和其他节点的数据量相同。

Hive 的优化正是采用各种措施和方法对上述场景的倾斜问题进行优化和处理。

5.2　Hive 优化

在实际 Hive SQL 开发的过程中，Hive SQL 性能的问题上实际只有一小部分和数据倾斜相关。很多时候，Hive SQL 运行得慢是由开发人员对于使用的数据了解不够以及一些不良的使用习惯引起的。

开发人员需要确定以下几点。

❏ 需要计算的指标真的需要从数据仓库的公共明细层来自行汇总么？是不是数据公共层团队开发的公共汇总层已经可以满足自己的需求？对于大众的、KPI 相关的指标等通常设计良好的数据仓库公共层肯定已经包含了，直接使用即可。

❏ 真的需要扫描这么多分区么？比如对于销售明细事务表来说，扫描一年的分区和扫描一周的分区所带来的计算、IO 开销完全是两个量级，所耗费的时间肯定也是不同的。笔者并不是说不能扫描一年的分区，而是希望开发人员需要仔细考虑业务需求，尽量不浪费计算和存储资源，毕竟大数据也不是毫无代价的。

❏ 尽量不要使用 select * from your_table 这样的方式，用到哪些列就指定哪些列，如 select col1，col2 from your_table。另外，where 条件中也尽量添加过滤条件，以去掉无关的数据行，从而减少整个 MapReduce 任务中需要处理、分发的数据量。

❏ 输入文件不要是大量的小文件。Hive 的默认 Input Split 是 128MB（可配置），小文件可先合并成大文件。

在保证了上述几点之后，有的时候发现 Hive SQL 还是要运行很长时间，甚至运行不出来，这时就需要真正的 Hive 优化技术了。

下面逐一详细介绍各种场景下的 Hive 优化方法，但是开发人员需要了解自己的 SQL，并根据执行过程中慢的环节来定位是何种问题，进而采用下述针对性解决方案。

5.3　join 无关的优化

Hive SQL 性能问题基本上大部分都和 join 相关，对于和 join 无关的问题主要有 group by 相关的倾斜和 count distinct 相关的优化。

5.3.1　group by 引起的倾斜优化

group by 引起的倾斜主要是输入数据行按照 group by 列分布不均匀引起的，比如，假设按照供应商对销售明细事实表来统计订单数，那么部分大供应商的订单量显然非常多，而多数供应商的订单量就一般，由于 group by 的时候是按照供应商的 ID 分发到每个 Reduce Task，那么此时分配到大供应商的 Reduce Task 就分配了更多的订单，从而导致数据倾斜。

对于 group by 引起的倾斜，优化措施非常简单，只需设置下面参数即可：

```
set hive.map.aggr = true
set hive.groupby.skewindata=true
```

此时 Hive 在数据倾斜的时候会进行负载均衡，生成的查询计划会有两个 MapReduce Job。第一个 MapReduce Job 中，Map 的输出结果集合会随机分布到 Reduce 中，每个 Reduce 做部分聚合操作并输出结果，这样处理的结果是相同的 GroupBy Key 有可能被分布到不同的 Reduce 中，从而达到负载均衡的目的；第二个 MapReduce Job 再根据预处理的数据结果按照 GroupBy Key 分布到 Reduce 中（这个过程可以保证相同的 GroupBy Key 被分布到同一个 Reduce 中），最后完成最终的聚合操作。

5.3.2 count distinct 优化

在 Hive 开发过程中，应该小心使用 count distinct，因为很容易引起性能问题，比如下面的 SQL：

```
select count(distinct user) from some_table;
```

由于必须去重，因此 Hive 将会把 Map 阶段的输出全部分布到一个 Reduce Task 上，此时很容易引起性能问题。对于这种情况，可以通过先 group by 再 count 的方式来优化，优化后的 SQL 如下：

```
select count(*)
from
(   select user
    from some_table
    group by user
) tmp;
```

其原理为：利用 group by 去重，再统计 group by 的行数目。

5.4 大表 join 小表优化

和 join 相关的优化主要分为 mapjoin 可以解决的优化（即大表 join 小表）和 mapjoin 无法解决的优化（即大表 join 大表）。大表 join 小表相对容易解决，大表 join 大表相对复杂和难以解决，但也不是不可解决的，只是相对比较麻烦而已。

首先介绍大表 join 小表优化。仍以销售明细事实表为例来说明大表 join 小表的场景。

假如供应商会进行评级，比如（五星、四星、三星、两星、一星），此时业务人员希望能够分析各供应商星级的每天销售情况及其占比。

开发人员一般会写出如下 SQL：

```
select
    Seller_star
    ,count(order_id) as  order_cnt
from
(
    Select order_id,seller_id
from  dwd_sls_fact_detail_table
where partition_value='20170101'
) a
Left outer join
(
    Select seller_id, seller_star
from  dim_seller
where partition_value='20170101'
) b
on a.seller_id=b.seller_id
group by b.seller_star;
```

但正如上述所言，现实世界的二八准则将导致订单集中在部分供应商上，而好的供应商的评级通常会更高，此时更加剧了数据倾斜的程度，如果不加以优化，上述 SQL 将会耗费很长时间，甚至运行不出结果。

通常来说，供应商是有限的，比如上千家、上万家，数据量不会很大，而销售明细事实表比较大，这就是典型的大表 join 小表问题，可以通过 mapjoin 的方式来优化，只需添加 mapjoin hint 即可，优化后的 SQL 如下：

```
select  /*+mapjoin(b)*/
    Seller_star
    ,count(order_id) as  order_cnt
from
(
    Select order_id,seller_id
from  dwd_sls_fact_detail_table
where partition_value='20170101'
) a
Left outer join
(
    Select seller_id, seller_star
from  dim_seller
where partition_value='20170101'
) b
on a.seller_id=b.seller_id
group by b.seller_star;
```

/*+mapjoin(b)*/ 即 mapjoin hint，如果需要 mapjoin 多个表，则格式为 /*+mapjoin (b, c, d)*/。Hive 对于 mapjoin 是默认开启的，设置参数为：

```
Set hive.auto.convert.join=ture;
```

mapjoin 优化是在 Map 阶段进行 join，而不是像通常那样在 Reduce 阶段按照 join 列进行分发后在每个 Reduce 任务节点上进行 join，不需要分发也就没有倾斜的问题，相反 Hive 会将小表全量复制到每个 Map 任务节点（对于本例是 dim_seller 表，当然仅全量复制 b 表 sql 指定的列），然后每个 Map 任务节点执行 lookup 小表即可。

从上述分析可以看出，小表不能太大，否则全量复制分发得不偿失，实际上 Hive 根据参数 hive.mapjoin.smalltable.filesize（0.11.0 版本后是 hive.auto.convert.join. noconditionaltask.size）来确定小表的大小是否满足条件（默认 25MB），实际中此参数值所允许的最大值可以修改，但是一般最大不能超过 1GB（太大的话 Map 任务所在的节点内存会撑爆，Hive 会报错。另外需要注意的是，HDFS 显示的文件大小是压缩后的大小，当实际加载到内存的时候，容量会增大很多，很多场景下可能会膨胀 10 倍）。

5.5 大表 join 大表优化

如果上述 mapjoin 中小表 dim_seller 很大呢？比如超过了 1GB 的大小？这种就是大表 join 大表的问题。此类问题相对比较复杂，因此本节首先引入一个具体的问题场景，然后基于此介绍各种优化方案。

5.5.1 问题场景

问题场景如下。

A 表为一个汇总表，汇总的是卖家买家最近 N 天交易汇总信息，即对于每个卖家最近 N 天，其每个买家共成交了多少单、总金额是多少，为了专注于本节要解决的问题，N 只取 90 天，汇总值仅取成交单数。A 表的字段有：buyer_id、seller_id 和 pay_cnt_90d。

B 表为卖家基本信息表，其中包含卖家的一个分层评级信息，比如把卖家分为 6 个级别：S0、S1、S2、S3、S4 和 S5。

要获得的结果是每个买家在各个级别卖家的成交比例信息，比如：

某买家：S0:10%; S1:20%; S2:20%; S3:10%; S4:20%; S4:10%; S5:10%;。

B 表的字段有：seller_id 和 s_level。

正如 mapjoin 中的例子一样，第一反应是直接 join 两表并统计：

```
select
     m.buyer_id
     ,sum(pay_cnt_90d)                                      as pay_cnt_90d
     ,sum(case when m.s_level=0    then pay_cnt_90d  end) as pay_cnt_90d_s0
     ,sum(case when m.s_level=1    then pay_cnt_90d  end) as pay_cnt_90d_s1
     ,sum(case when m.s_level=2    then pay_cnt_90d  end) as pay_cnt_90d_s2
     ,sum(case when m.s_level=3    then pay_cnt_90d  end) as pay_cnt_90d_s3
```

```
        ,sum(case when m.s_level=4      then pay_cnt_90d  end) as pay_cnt_90d_s4
        ,sum(case when m.s_level=5      then pay_cnt_90d  end) as pay_cnt_90d_s5
from
(
    select
        a.buyer_id,a.seller_id,b.s_level,a.pay_cnt_90d
    from
    (
        select buyer_id,seller_id,pay_cnt_90d
        from   table_A
    ) a
    join
    (
        select seller_id,s_level
        from   table_B
    ) b
    on a.seller_id=b.seller_id
) m
group by m.buyer_id
```

但是此 SQL 会引起数据倾斜，原因在于卖家的二八准则，某些卖家 90 天内会有几百万甚至上千万的买家，但是大部分卖家 90 天内的买家数目并不多，join table_A 和 table_B 的时候 ODPS 会按照 Seller_id 进行分发，table_A 的大卖家引起了数据倾斜。

但是本数据倾斜问题无法用 mapjoin table_B 解决，因为卖家有超过千万条、文件大小有几个 GB，超过了 mapjoin 表最大 1GB 的限制。

5.5.2　方案 1：转化为 mapjoin

一个很正常的想法是，尽管 B 表无法直接 mapjoin，但是否可以间接地 mapjoin 它呢？实际上此思路有两种途径：限制行和限制列。

限制行的思路是不需要 join B 全表，而只需要 join 其在 A 表中存在的。对于本问题场景，就是过滤掉 90 天内没有成交的卖家。

限制列的思路是只取需要的字段。

加上如上行列限制后，检查过滤后的 B 表是否满足了 Hive mapjoin 的条件，如果能够满足，那么添加过滤条件生成一个临时 B 表，然后 mapjoin 该表即可。采用此思路的伪代码如下所示：

```
select
        m.buyer_id
        ,sum(pay_cnt_90d)                                as pay_cnt_90d
        ,sum(case when m.s_level=0      then pay_cnt_90d end) as pay_cnt_90d_s0
        ,sum(case when m.s_level=1      then pay_cnt_90d end) as pay_cnt_90d_s1
        ,sum(case when m.s_level=2      then pay_cnt_90d end) as pay_cnt_90d_s2
        ,sum(case when m.s_level=3      then pay_cnt_90d end) as pay_cnt_90d_s3
        ,sum(case when m.s_level=4      then pay_cnt_90d end) as pay_cnt_90d_s4
        ,sum(case when m.s_level=5      then pay_cnt_90d end) as pay_cnt_90d_s5
```

```
from
(
    select /*+mapjoin(b)*/
        a.buyer_id,a.seller_id,b.s_level,a.pay_cnt_90d
    from
    (
        select buyer_id,seller_id,pay_cnt_90d
        from  table_A
    ) a
    join
    (
        select b0.seller_id,b0.s_level
        from  table_B b0
        join
        (select seller_id from table_A group by seller_id)  a0
        on b0.seller_id=a0.seller_id
    ) b
    on a.seller_id=b.seller_id
) m
group by m.buyer_id
```

此方案在一些情况下可以起作用，但是很多时候还是无法解决上述问题，因为大部分卖家尽管 90 天内买家不多，但还是有一些的，过滤后的 B 表仍然很大。

5.5.3 方案 2：join 时用 case when 语句

此种解决方案应用场景为：倾斜的值是明确的而且数量很少，比如 null 值引起的倾斜。其核心是将这些引起倾斜的值随机分发到 Reduce，其主要核心逻辑在于 join 时对这些特殊值 concat 随机数，从而达到随机分发的目的。此方案的核心逻辑如下：

```
Select a.user_id,a.order_id,b.user_id
From table_a a
Join table_b b
On (case when a.user_id is null then concat('hive',rand()) else a.user_id
end)=b.user_id
```

Hive 已对此进行了优化，只需要设置参数 skewinfo 和 skewjoin 参数，不需要修改 SQL 代码，例如，由于 table_B 的值 "0" 和 "1" 引起了倾斜，只需作如下设置：

```
set hive.optimize.skewinfo=table_B:(seller_id)[("0")("1")];
set hive.optimize.skewjoin=true;
```

但是方案 2 也无法解决本问题场景的倾斜问题，因为倾斜的卖家大量存在而且动态变化。

5.5.4 方案 3：倍数 B 表，再取模 join

1. 通用方案

此种方案的思路是建立一个 numbers 表，其值只有一列 int 行，比如从 1 到 10（具体值可根据倾斜程度确定），然后放大 B 表 10 倍，再取模 join。这样说比较抽象，请参考如下代码（关键代码已经用黑体加粗标记出来）：

```
select
        m.buyer_id
        ,sum(pay_cnt_90d)                                        as pay_cnt_90d
        ,sum(case when m.s_level=0      then pay_cnt_90d end) as pay_cnt_90d_s0
        ,sum(case when m.s_level=1      then pay_cnt_90d end) as pay_cnt_90d_s1
        ,sum(case when m.s_level=2      then pay_cnt_90d end) as pay_cnt_90d_s2
        ,sum(case when m.s_level=3      then pay_cnt_90d end) as pay_cnt_90d_s3
        ,sum(case when m.s_level=4      then pay_cnt_90d end) as pay_cnt_90d_s4
        ,sum(case when m.s_level=5      then pay_cnt_90d end) as pay_cnt_90d_s5

from
(
    select
        a.buyer_id,a.seller_id,b.s_level,a.pay_cnt_90d
    from
    (
        select buyer_id,seller_id,pay_cnt_90d
        from   table_A
    ) a
    join
    (
        select /*+mapjoin(members)*/
        seller_id,s_level,member
        from   table_B
        join
        members
    ) b
    on a.seller_id=b.seller_id
        and mod(a.pay_cnt_90d,10)+1=b.number
) m
group by m.buyer_id
```

此思路的核心在于：既然按照 seller_id 分发会倾斜，那么再人工增加一列进行分发，这样之前倾斜的值的倾斜程度会减为原来的 1/10。可以通过配置 nubmers 表修改放大倍数来降低倾斜程度，但这样做的一个弊端是 B 表也会膨胀 N 倍。

2. 专用方案

通用方案的思路把 B 表的每条数据都放大了相同的倍数，实际上这是不需要的，只需要把大卖家放大倍数即可：

需要首先知道大卖家的名单，即先建立一个临时表动态存放每日最新的大卖家（比如 dim_big_seller），同时此表的大卖家要膨胀预先设定的倍数（比如 1000 倍）。

在 A 表和 B 表中分别新建一个 join 列，其逻辑为：如果是大卖家，那么 concat 一个随机分配正整数（0 到预定义的倍数之间，本例为 0 ～ 1000）；如果不是，保持不变。

具体伪代码如下（关键代码已经用黑体加粗标记出来）：

```
select
        m.buyer_id
        ,sum(pay_cnt_90d)                                     as pay_cnt_90d
        ,sum(case when m.s_level=0    then pay_cnt_90d end) as pay_cnt_90d_s0
        ,sum(case when m.s_level=1    then pay_cnt_90d end) as pay_cnt_90d_s1
        ,sum(case when m.s_level=2    then pay_cnt_90d end) as pay_cnt_90d_s2
        ,sum(case when m.s_level=3    then pay_cnt_90d end) as pay_cnt_90d_s3
        ,sum(case when m.s_level=4    then pay_cnt_90d end) as pay_cnt_90d_s4
        ,sum(case when m.s_level=5    then pay_cnt_90d end) as pay_cnt_90d_s5


from
(
    select
        a.buyer_id,a.seller_id,b.s_level,a.pay_cnt_90d
    from
    (
        select      /*mapjoin(big)*/
    buyer_id,seller_id,pay_cnt_90d,
            if(big.seller_id is not null,concat(table_A.seller_id,'rnd', cast
(rand() *1000 as bigint),table_A.seller_id) as seller_id_joinkey
        from  table_A
        left outer join
            --big表seller有重复，请注意一定要group by后再join，保证table_A的行数保持不变
            (select seller_id from dim_big_seller  group by seller_id) big
        on table_A.seller_id=big.seller_id
    ) a
    join
    (
        select /*+mapjoin(big)*/
        seller_id,s_level,
        --big 表的 seller_id_joinkey 生成逻辑和上面的生成逻辑一样
        coalesce(seller_id_joinkey,table_B.seller_id) as seller_id_joinkey
        from  table_B
        left outer join
            --table_B表join大卖家表后大卖家行数放大 1000 倍，其他卖家行数保持不变
            (select seller_id, seller_id_joinkey from dim_big_seller) big
        on table_B.seller_id=big.seller_id
    ) b
    on a.seller_id_joinkey=b.seller_id_joinkey
) m
group by m.buyer_id
```

相比通用方案，专用方案的运行效率明显好了很多，因为只是将 B 表中大卖家的行数放大了 1000 倍，其他卖家的行数保持不变，但同时也可以看到代码也复杂了很多，而且必须首先建立大卖家表。

5.5.5　方案 4：动态一分为二

实际上方案 2 和 3 都用到了一分为二的思想，但是都不彻底，对于 mapjoin 不能解决的问题，终极解决方案就是动态一分为二，即对倾斜的键值和不倾斜的键值分开处理，不倾斜的正常 join 即可，倾斜的把它们找出来然后做 mapjoin，最后 union all 其结果即可。

但是此种解决方案比较麻烦，代码会变得复杂而且需要一个临时表存放倾斜的键值。

采用此解决方案的伪代码如下所示：

```
-- 由于数据倾斜，先找出近 90 天买家数超过 10000 的卖家
insert overwrite table tmp_table_B
select
    m.seller_id,
    n.s_level,
from(
    select
        seller_id
    from(
        select
            seller_id,
            count(buyer_id) as byr_cnt
        from
            table_A
        group by
            seller_id
    ) a
    where
        a.byr_cnt>10000
) m
left outer join(
    select
        user_id,
        s_level,
    from
        table_B
) n
on m.seller_id=n.user_id;
```

```
-- 对于 90 天买家数超过 10000 的卖家直接 mapjoin，对于其他卖家正常 join 即可
select
            m.buyer_id
            ,sum(pay_cnt_90d)                                  as pay_cnt_90d
            ,sum(case when m.s_level=0  then pay_cnt_90d  end) as pay_cnt_90d_s0
            ,sum(case when m.s_level=1  then pay_cnt_90d  end) as pay_cnt_90d_s1
            ,sum(case when m.s_level=2  then pay_cnt_90d  end) as pay_cnt_90d_s2
            ,sum(case when m.s_level=3  then pay_cnt_90d  end) as pay_cnt_90d_s3
            ,sum(case when m.s_level=4  then pay_cnt_90d  end) as pay_cnt_90d_s4
            ,sum(case when m.s_level=5  then pay_cnt_90d  end) as pay_cnt_90d_s5
```

```
from
(
        select
            a.buyer_id,a.seller_id,b.s_level,a.pay_cnt_90d
        from
        (
            select buyer_id,seller_id,pay_cnt_90d
            from   table_A
        ) a
        join
        (
            select seller_id,a.s_level
            from   table_A a
            left outer join tmp_table_B b
            on a.user_id=b.seller_id
            where b.seller_id is null
        ) b
        on a.seller_id=b.seller_id

        union all

        select /*+mapjoin(b)*/
            a.buyer_id,a.seller_id,b.s_level,a.pay_cnt_90d
        from
        (
            select buyer_id,seller_id,pay_cnt_90d
            from   table_A
        ) a
        join
        (
            select seller_id,s_level
            from   table_B
        ) b
        on a.seller_id=b.seller_id
) m group by m.buyer_id
) m
group by m.buyer_id
```

总结起来，方案 1、2 以及方案 3 中的通用方案不能保证解决大表 join 大表问题，因为它们都存在种种不同的限制和特定的使用场景。

而方案 3 的专用方案和方案 4 是本节推荐的优化方案，但是它们都需要新建一个临时表来存放每日动态变化的大卖家。相对方案 4 来说，方案 3 的专用方案不需要对代码框架进行修改，但是 B 表会被放大，所以一定要是维度表，不然统计结果会是错误的。方案 4 的解决方案最通用，自由度最高，但是对代码的更改也最大，甚至需要更改代码框架，可作为终极方案来使用。

5.6　本章小结

本章主要介绍了 Hive SQL 优化的各种方法。本章首先概要介绍了数据倾斜的概念，然后对 Hive SQL 优化进行了概要性介绍，在此基础上分别介绍了 join 无关的优化场景——group by 的倾斜优化和 count distinct 优化，然后重点介绍了 mapjoin 的优化以及 mapjoin 无法解决的场景的优化。mapjoin 无法解决的优化共有 5 种方案，实际项目中，用户可以根据情况选用适合自己的优化方案。

Chapter 6　第 6 章

维度建模技术实践

不管是基于 Hadoop 的数据仓库（如 Hive），还是基于传统 MPP 架构的数据仓库（如 Teradata），抑或是基于传统 Oracle、MySQL、MS SQL Server 关系型数据库的数据仓库，都面临如下问题：

- ❏ 怎么组织数据仓库中的数据？
- ❏ 怎么组织才能使得数据的使用最为方便和便捷？
- ❏ 怎么组织才能使得数据仓库具有良好的可扩展性和可维护性？

Ralph Kimball 的维度建模理论很好地回答和解决了上述问题。维度建模理论和技术也是目前在数据仓库领域中使用最为广泛的、也最得到认可和接纳的一项技术。本章将深入探讨 Ralph Kimball 维度建模的各项技术，涵盖其基本理论、一般过程、维度表设计和事实表设计等各个方面，从而为下一章的 Hadoop 数据仓库实战打下基础。

随着大数据技术的发展，存储成本和计算成本越来越廉价，从下游使用便捷性和学习成本来看，Ralph Kimball 经典维度建模理论的某些方面在大数据时代并不适用，必须进行相应的改良，本章也将对此进行重点讨论。

6.1　大数据建模的主要技术：维度建模

正如 1.3.2 节所言，相比操作性数据库基于三范式数据建模的一统江湖，分析性数据库自数据仓库的概念诞生以来，就存在两种得到广泛认可构建数据仓库的方法，即 Bill Inmon（被称为 "数据仓库之父"）的企业信息化工厂模式和 Ralph Kimball（被称为 "商业智能之父"）的维度建模模式。就笔者多年在传统企业和互联网公司的实践来看，Kimball

的维度建模理论在实践中使用得最为广泛，尤其在互联网行业，这是因为互联网和移动互联网行业业务变化快、系统变化快，相应的数据变化也快，数据模型经常需要修改和重构，而 Kimball 的方法可以迅速响应业务需求，快速构建一个数据仓库，所以本章将主要介绍 Ralph Kimball 的维度建模理论。对 Bill Inmon 的企业信息化工厂模式感兴趣的读者可以阅读其数据仓库经典著作《Corporate Information Factory》。

6.1.1　维度建模关键概念

1. 度量和环境

维度建模支持对业务过程的分析，这是通过对业务过程度量进行建模来实现的。

那么，什么是度量呢？实际上，通过和业务方、需求方交谈，或者阅读报表、图表等，可以很容易地识别度量。

考虑如下业务需求：

❏ 店铺上个月的销售额如何？

❏ 店铺库存趋势如何？

❏ 店铺的访问情况如何（pv，uv）？

❏ 店铺访问的熟客占比多少？

这里的销售额、库存、访问量、熟客量就是度量。

缺乏上下文和环境来谈论度量，是没有意义的。比如说销售额是 3000 元，这一单独的数字并不能带来任何帮助，因为并不知道这是一天还是多天的销售额？是一件商品的销售额，还是全店的销售额？是一个用户的单个订单，还是多个用户的订单合计？没有上下文和环境，度量就没有实际意义。

度量和环境这两个概念构成了维度建模的基础。而所有维度建模也正是通过对度量和及其上下文和环境的详细设计来实现的。

2. 事实和维度

在 Kimball 的维度建模理论中，度量称为事实，上下文和环境则称为维度。

通常来说，事实常以数值形式出现，而且一般都被大量文本形式的上下文包围着。这些文本形式的上下文描述了事实的"5 个 W"（When、Where、What、Who、Why）信息，通常可被直观地分割为独立的逻辑块，每一个独立的逻辑块即为一个维度，比如一个订单可以非常直观地分为商品、买家、卖家等多个维度。

在维度建模和设计过程中，可以根据需求描述或者基于现有报表，很容易地将信息和分析需求分类到事实和度量中。比如业务人员需求为"按照一级类目，统计本店铺上月的销售额情况"，"按照一级类目"这个描述，很清楚地说明需求方希望对一级类目的销售额进行统计分析，这里的一级类目即为一个维度。类似的是，"上月"为另一个维度，而销售额明显是事实。

3. 事实表

事实表是维度模型中的基本表，或者说核心表。事实上，业务过程的所有度量在维度建模中都是存储在事实表中的，除此之外，事实表还存储了引用的维度。

事实表通常和一个企业的业务过程紧密相关，由于一个企业的业务过程数据构成了其所有数据的绝大部分，因此事实表也通常占用了数据仓库存储的绝大部分。比如对于某个超市来说，其销售的明细数据通常占其拥有数据的绝大部分且每天还在不断地累计和增长，而商品、门店、员工、设备等其他数据相对来说固定且变化不大。

事实表的一行对应一个度量事件。事实上，每行对应的度量事件可粗可细，比如对某个超市来说，在设计其维度模型时，表示顾客购买事件的事实表的一行即可以记录一张顾客的小票，也可以记录顾客小票的一个子项，那么究竟应该到何种级别呢？维度建模认为事实表应该包含最底层的、最原子性的细节，因为这样会带来最大的灵活性。维度建模中，细节的级别称为事实表的粒度，比如上文顾客购买行为事实表的粒度就应该是小票子项，而非小票。

事实表中最常用的度量一般是数值型和可加类型的，比如小票子项的销售数量、销售金额等。可加性对于数据分析来说至关重要，因为数据应用一般不仅检索事实表的单行数据，而往往一次性检索数百、数千乃至数百万行的事实，并且处理这么多行的最有用的和常见的事就是将它们加起来，而且是从各个角度和维度加起来。

但事实表中的度量并不都是可加的，有些是半可加性质的，另一些则是非可加性质的。半加性事实是指仅仅某些维度可加，例如库存，可以把各个地方仓库的库存加起来，或者把一个仓库不同的商品加起来，但是很明显不能把一个仓库同一商品在不同时期的库存加起来。银行的账户余额也是半可加事实的例子，可以把不同分行的账户余额加起来或者不同账户人的账户余额加起来，但是不能把不同月份的账户余额加起来。非可加性事实则指根本就不能相加的事实，比如商品的价格以及订单的状态等。

除了存储的事实外，事实表都会包含多个相关的外键（见图 6-1），用于关联和连接相应的维度表。例如，订单事实表会包含连接到商品表的商品外键、连接到会员表的买家外键、或者连接到门店表的门店外键等。正是通过这些外键，才能进行各个角度的、各个维度的分析。

日销售事实表
Data Key (FK)
Product Key (FK)
Store Key (FK)
Quantity Sold
Dollar Sales Amount

图 6-1　维度建模事实表示例

事实表根据粒度的角色划分不同，可分为事务事实表、周期快照事实表和累积快照事实表。

❏ 事务事实表用于承载事务数据，通常粒度比较低，例如产品交易事务事实、ATM 交易事务事实。

❏ 周期快照事实表用于记录有规律的、固定时间间隔的业务累计数据，通常粒度比较大，例如账户月平均余额事实表。

❏ 累积快照事实表用于记录具有时间跨度的业务处理过程的整个信息，通常这类事实表相对比较少见。

这里需要值得注意的是，在进行事实表的设计时，一定要注意一个事实表只能有一个粒度，不能将不同粒度的事实建立在同一张事实表中。

4. 维度表

维度表是维度建模的灵魂，通常来说，维度表设计得好坏直接决定了维度建模的好坏。

维度表包含了事实表所记录的业务过程度量的上下文和环境，它们除了记录"5 个 W"等信息外，通常还包含了很多的描述字段和标签字段等。

如图 6-2 所示，维度表通常有多列或者说多个属性。实际应用中，包含几十甚至上百属性的维度表并不少见。维度表应该尽可能多地包括一些有意义的文字性描述，以方便下游用户使用。

维度属性是查询约束条件（SQL where 条件）、分组（SQL group 语句）与报表标签生成的基本来源。在查询与报表需求中，属性用 by（按）这个单词进行标识。例如，一个用户表示要按"产品合约编号"与"机构编号"来查看账户余额，那么"产品合约编号"与"机构编号"就必须是可用的维度属性。

维度属性在数据仓库中承担着一个重要的角色。由于它们实际上是所有令人感兴趣的约束条件与报表标签的来源，因此是数据仓库易学易用的关键。在许多方面，数据仓库不过是维度属性的体现而已。数据仓库的能力直接与维度属性的质量和深度成正比。在提供详细的业务用语属性方面所花的时间越多，数据仓库就越好；在属性列值的给定方面所花的时间越多，数据仓库就越好；在保证属性列值的质量方面所花的时间越多，数据仓库就越好。

产品维表
Product Key (PK)
Product Description
SKU Number (Natural Key)
Brand Description
Category Description
Department Description
Package Type Description
Package Size
Fat Content Description
Diet Type Description
Weight
Weight Units of Measure
Storage Type
Shelf Life Type
Shelf Width
Shelf Height
Shelf Depth
... and many more

图 6-2　维度建模维度表示例

维度表是进入事实表的入口。丰富的维度属性给出了丰富的分析切割能力。维度给用户提供了使用数据仓库的接口。最好的属性是文本的和离散的。属性应该是真正的文字而不应是一些编码简写符号。应该通过用更为详细的文本属性取代编码，力求最大限度地减少编码在维度表中的使用。有时候在设计数据库时，并不能很确定从数据源析取出的一个数字型数据字段到底应该作为事实还是维度属性看待。通常可以这样来做出决定，即看字段是一个含有许多取值并参与运算的度量值（当事实看待），还是一个变化不多并作为约束条件的离散取值的描述（当维度属性看待）。

5. 星形架构和雪花架构

在理解了事实表和维度表之后，接下来的问题就是如何组合它们。在维度建模中，存在两种组合维度表和事实表的基本架构：星形架构和雪花架构。

当所有维度表直接连接到事实表时（见图6-3左），整个组合的形状类似于星星，所以被称为星形架构。星形架构是一种非规范化的结构，其数据存储存在冗余，比如考虑商品的维度表，其品牌信息在商品的每一行中都存在，包括其品牌ID、名称、品牌拥有者等。通常很多商品的品牌都是一样的，所以在商品维度表中品牌的信息被重复存储了很多次，也就是存在冗余。

当有一个或者多个维度表没有直接连接到事实表，而是通过其他维度表连接到事实表上时，整个组合的形状就像雪花一样，这种架构被称为雪花架构（见图6-3右）。

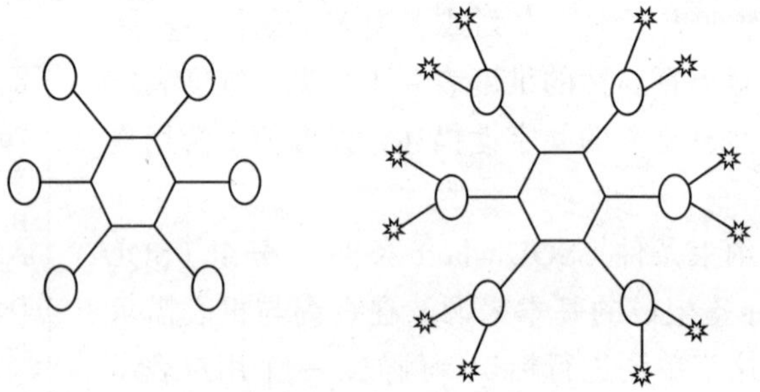

星形架构　　　　　　　　雪花架构

图6-3　星形架构和雪花架构

雪花架构是对星形架构维度表的规范化，比如上述的商品表例子，在雪花架构中，其每一行仅存储品牌ID，而品牌的所有其他信息（包括品牌名称、拥有者、注册地等所有描述信息）都存储在单独的品牌维度表内。通过品牌ID这个外键，商品表可以间接获取到所有品牌描述信息。

雪花架构去除了数据冗余，节省了部分存储，但是也给下游用户的使用带来了不便，如下游用户需要分析品牌的销售额，必须自己先用订单表关联商品表，然后用商品表再关联品牌表。正是由于这一点，在维度建模的实际中，雪花架构很少得到使用。

有时候简单的方案是最美的、最有力的，也是最有效的。基于星形架构的维度建模就是这种情况。星形架构牺牲了部分存储的冗余，但是带来了使用上的极度便捷，也使下游用户的使用和学习成本变得非常低。即使是没有任何技术背景或者维度建模背景知识的业务人员，也很容易理解，更何况目前的存储成本极低，多出的这份存储开销相比后续每次的关联计算、用户使用和学习成本来说，是非常划算的。

星形架构中，每个维度都是均等的，所有维度表都是进入事实表的对等入口，用户可以从任一维度、任一维度属性或者任意多个维度组合、任意多个维度属性组合，方便地对数据进行过滤和聚合（汇总、均值、最大、最小等）操作，而且非常符合业务分析直觉。业务是多变的，模型的设计必须能够经受住业务多变的需求。在实际设计中，可以通过添加新维度或者向维度表中加入维度属性来满足业务新视角的分析需求。

大多数情况下，数据仓库模型设计中都会采用星形架构，但是在某些特殊情况下，比如必须使用桥接表的情况下（后文会介绍桥接表）等，必须使用雪花架构。

6.1.2　维度建模一般过程

维度建模一般采用具有顺序的 4 个步骤来进行设计，即选择业务过程、定义粒度、确定维度和确定事实。维度建模的这 4 个步骤贯穿了维度建模的整个过程和环节，下面逐一介绍。

业务需求

维度建模
1. 选择业务过程
2. 定义粒度
3. 确定维度
4. 确定事实

数据实际

1. 选取业务过程

业务过程即企业和组织的业务活动，它们一般都有相应的源头业务系统支持。对于一个超市来说，其最基本的业务活动就是用户收银台付款；对于一个保险公司来说，最基本的业务活动是理赔和保单等。当然在实际操作中，业务活动有可能并不是那么简单直接，此时听取用户的意见通常是这一环节最为高效的方式。

但需要注意的是，这里谈到的业务过程并不是指业务部门或者职能。模型设计中，应将注意力集中放在业务过程而不是业务部门，如果建立的维度模型是同部门捆绑在一起的，就无法避免出现数据不一致的情况（如业务编码、含义等）。因此，确保数据一致性的最佳办法是从企业和公司全局与整体角度，对于某一个业务过程建立单一的、一致的维度模型。

2. 定义粒度

定义粒度意味着对事实表行实际代表的内容和含义给出明确的说明。粒度传递了事实表度量值相联系的细节所达到的程度的信息。其实质就是如何描述事实表的单个行。

典型的粒度定义包括：

❏ 超市顾客小票的每一个子项；

❏ 医院收费单的明细子项；

❏ 个人银行账户的每一次存款或者取款行为；

❏ 个人银行账户每个月的余额快照。

对于维度设计来说，在事实表粒度上达成一致非常重要，如果没有明确的粒度定义，则不能进入后面的环节。如果在后面的环节中发现粒度的定义不够或者是错误的，那么也必须返回这一环节重新定义粒度。

在定义粒度过程中，应该最大限度地选择业务过程中最为原子性的粒度，这样可以带来后续的最大灵活度，也可以满足业务用户的任何粒度的分析需求。

3. 确定维度

定义了粒度之后，相关业务过程的细节也就确定了，对应的维度就很容易确定。正如前文所述，维度是对度量的上下文和环境的描述。通过维度，业务过程度量与事实就会变得丰富和丰满起来。对于订单来说，常见的维度会包含商品、日期、买家、卖家、门店等。而每一个维度还可以包含大量的描述信息，比如商品维度表会包含商品名称、标签价、商品品牌、商品类目、商品上线时间等。

4. 确定事实

确定事实通过业务过程分析可能要分析什么来确定。定义粒度之后，事实和度量一般也很容易确定，比如超市的订单活动，相关的度量显然是销售数量和销售金额。

在实际维度事实设计中，可能还会碰到度量拆分的问题，比如超市开展单个小票满 100 减 10 元的活动，如果小票金额超过 10 元，这 10 元的优惠额如何分配到每一个小票子项？实际设计中，可以和业务方具体讨论并制订具体的拆分分配算法。

6.2 维度表设计

维度表是维度建模的灵魂，在维度表设计中碰到的问题（如维度变化、维度层次、维度一致性、维度整合和拆分等）直接关系到维度建模的好坏，因此本节将深入介绍维度表设计，并详细解释其相关概念和技术。

6.2.1 维度变化

维度表的数据通常来自于前台业务系统，比如商品维度表可能来自于 ERP 或者超市 POS 系统的商品表，但商品是会发生变化的，比如商品所属的类目、商品标签价格、商品描述等，这些变化有可能是之前有错误需要订正所致的，或者是实际的业务情况变化。不管哪种情况，维度设计过程中，确定源头数据变化在维度表中如何表示非常重要。在维度建模中，这一现象称为缓慢变化的维度，简称**缓慢变化维**。

根据变化内容的不同，下游的分析可能要求用不同的办法来处理。比如对于商品的描述信息，也许业务人员对此并不敏感，或者认为无关紧要，此种情况可以直接覆盖。但是对于商品所属的类目发生变化，则需要认真考虑，因为这涉及归类这个商品的销售活动到哪个类目——是全部归到新类目，还是全部归到旧类目？变化前归到旧类目，还是变化后归到新类目？这实际上也涉及了缓慢变化维的几种处理办法。

1. 重写维度值

当一个维度值属性发生变化时，重写维度值方法直接用新值覆盖旧值。该技术适用于维度建模中不需要保留此维度属性历史变化的情况，常用于错误订正或者维度属性改变无关紧要的场景，比如用户的生日之前发生输入错误，不需要保留之前的生日历史数据。

采用重写维度值的方法，将改变此维度属性的所有历史度量。比如，分析师希望分析星座和销售的关系，之前用户的生日属于白羊座，但是修改后的生日属于双子座，那么维度属性修改后，其销售额将都属于双子座。因此维度设计人员只在必要情况下使用此方法，同时需要告知下游分析用户。

采用重写维度值方法的维度表和事实表变化如图 6-4 示。

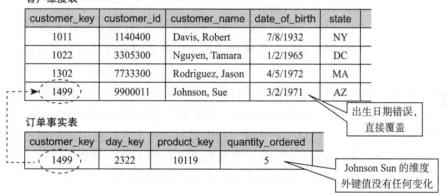

图 6-4　采用重写维度值方法处理缓慢变化维示例

2. 插入新的维度行

相比重写维度值方法不维护维度属性变化的特点，插入新的维度行方法则通过在维度表中插入新的行来保存和记录变化的情况。属性改变前的事实表行和旧的维度值关联，而新的事实表行和新的维度值关联。

图 6-5 展示了采用这种技术方法处理缓慢变化维的示例。

仔细观察变化后的维度表可以发现，新复制了一行该用户的信息，唯一不同在于 state 的不同（之前是 AZ，之后是 CA）。同时，仔细观察订单事实表也会发现，过去的订单是和旧的维度行关联，而新的订单和新的维度行关联。

通过新增维度行，我们保存了维度的变化，并实现了维度值变化前的事实和变化后的事实分别与各自的新旧维度值关联。但是这也给维度表用户带来了困惑，为什么查询一个会员会在维度表中发现多行记录？尽管可以向用户解释，但是用户的使用和学习成本无疑增加了，而且数据开发人员对于维度变化的处理逻辑无疑更复杂了。

客户维度表

customer_key	customer_id	customer_name	date_of_birth	state
1011	1140400	Davis, Robert	7/8/1932	NY
1022	3305300	Nguyen, Tamara	1/2/1965	DC
1302	7733300	Rodriguez, Jason	4/5/1972	MA
1499	9900011	Johnson, Sue	3/2/1971	AZ

订单事实表

customer_key	day_key	product_key	quantity_ordered
1499	2322	10119	5

之前

之后

客户维度表

customer_key	customer_id	customer_name	date_of_birth	state
1011	1140400	Davis, Robert	7/8/1932	NY
1022	3305300	Nguyen, Tamara	1/2/1965	DC
1302	7733300	Rodriguez, Jason	4/5/1972	MA
1499	9900011	Johnson, Sue	3/2/1971	AZ
2507	9900011	Johnson, Sue	3/2/1971	CA

Johnson Sun 的记录新增一行，表示新版本的数据

订单事实表

customer_key	day_key	product_key	quantity_ordered
1499	2322	10119	5
2507	4722	20112	1

之前的事实表行仍然保存旧版本的维度表外键

新的事实表行使用新版本的维度表外键

图 6-5　采用插入新的维度行方法处理缓慢变化维示例

3. 插入新的维度列

在某些情况下，可能用户会希望既能用变化前的属性值，又能用变化后的属性值来分析变化前后的所有事实，此时可以采用插入新的维度列这种方法。

不同于前一种方法的添加一行，这种方法通过新增一列，比如用 region_previous 列表示之前的所属大区，同时新增 region_current 来表示变化后的所属大区。这种方法的技术细节如图 6-6 所示。

上述示例只是捕获了一次属性值的变化，如果有多次变化呢？此时就需要有多个列来存储。如果不希望新增列，那么将只保存最近的两次变化。

实际上，这三种方法都能从不同角度解决维度变化的问题，还有通过组合这三种方法形成的其他各种技术可用于处理维度变化，在此不一一阐述。

不管哪种技术，在大数据时代都不是完美的，而且有一定的处理复杂度和学习使用成

本。如何以一种最简单、直接的办法来解决维度变化呢？后续章节将介绍快照技术，以解决大数据时代的维度变化问题。

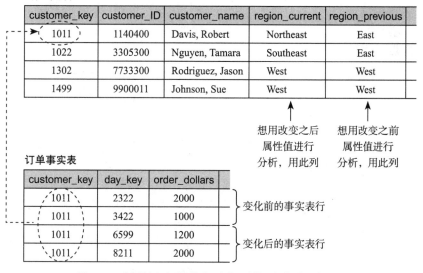

图 6-6　采用插入新的维度列处理缓慢变化维示例

6.2.2　维度层次

维度层次指的是某个维度表中属性之间存在的从属关系问题。比如商品的类目可能是有层次的（一级类目、二级类目、三级类目等，尤其对于宝洁、联合利华等大的快消企业集团），同时类目、品牌和产品实际上也是有层次的，比如宝洁的化妆品会分为男士、女士和儿童等，而男士化妆品下面又有不同的子品牌，每个子品牌下面又有不同的产品。那么，维度建模如何处理这些层次结构呢？

实际上有两种处理办法：第一种是将所有维度层次结构全部扁平化、冗余存储到一个维度表中，比如商品的一至三级类目分别用三个字段来存储，品牌等的处理也是类似的；第二种是新建类目维度表，并在维度表中维护父子关系。第一种就是前文所说的星形架构，而第二种就是前文所说的雪花架构。在维度建模中，我们采用第一种来处理维度的层级问题，这样反规范化的处理牺牲了部分存储，但是给用户使用带来了便捷，也降低了学习使用成本。

维度的层次结构通常和钻取联系在一起，所谓钻取即是对信息的持续深入挖掘。钻取分为向上钻取和向下钻取。比如对于某零售商的年度销售报表，其年度销售总额显示增长20%，那么从时间上分析是哪个季度的增长率比较高呢？此时可以向下分析各个季度的增长率，同样可以继续向下分析到月增长率乃至天增长率，同样的分析也可以应用到类目、品牌等，来分析到底是哪个类目的增长或者哪个品牌的增长导致了年度总销售额的增长 20%。

上述的钻取一般被称为向下钻取，与之相对的是向上钻取。钻取的实质是增加或者减少维度，增加维度（向下钻取）从汇总数据深入到细节数据，而减少维度（向上钻取）则从细节数据概括到汇总数据。通过钻取，用户对数据能更深入地了解数据，更容易发现问题，从而做出正确的决策。

6.2.3　维度一致性

在 Kimball 的维度设计理论中，并没有物理上的数据仓库。数据仓库是在对多个主题、多个业务过程的多次迭代过程中逐步建立的，这些多个主题、多个业务过程的多次迭代过程常被从逻辑上划分为数据集市。所谓数据集市一般由一张和多张紧密关联的事实表以及多个维度表组成，一般是部门级的或者面向某个特定的主题。数据仓库则是企业级的、面向主题的、集成的数据集合。

物理上的数据集市组合成逻辑上的数据仓库，但数据集市的建立是逐步完成的，如果分步建立数据集市的过程中维度表不一致，那么数据集市就会变成孤立的集市，不能从逻辑上组合成一个集成的数据仓库，而维度一致性的正是为了解决这个问题。

维度一致性的意思是指，两个维度如果有关系，要么就是完全一样的，要么就是一个维度在数学意义上是另一个维度的子集。不一致既包含维度表内容的不一致，也包含维度属性上的不一致，比如对于一个电子商务公司，如果其浏览等相关主题域的商品维度表包含了该企业的所有商品的访问信息，但是由于某种原因其交易域的商品缺失了部分商品（有可能是成交在其他平台完成），那么对这些缺失商品的交易分析就无法完成。同样如果两者的商品属性不同，比如日期格式、类目划分（有可能浏览分为前天类目，成交是后台类目）等不一致，那么跨浏览域和交易域的对类目和日期的交叉分析就无法进行，因为其类目划分就不一致。

比如希望分析某类目的用户浏览 - 成交转化率（计算公式为成交订单数 / 用户浏览数），但是该类目仅在浏览域存在，在交易域不存在，那么显然缺失了分子，此类目的转化率就无法计算。

上述的跨主题交叉分析，在维度建模中称为**横向钻取**（相对于向下和向上的纵向钻取）。

维度一致性对于数据集市集成为数据仓库起着关键作用，实际数据集市设计和开发过程中，必须保证维度一致性，具体可以采用共享同一个维度表或者让其中一个维度表是另外一个维度表的子集等方式来保证一致性，从而避免孤立数据集市的出现。

6.2.4 维度整合和拆分

实际维度表设计中，有时候会出现同一个维度表来自于多个前台业务系统的问题，此时就会带来维度整合和拆分问题。

前台的业务系统通常是比较复杂的，比如移动端交易系统和 PC 端交易系统的系统架构和底层数据库、表结构等完全不一致，而且即使 PC 端相同，也可能由于历史原因或者业务整合、拆分等原因存在多条业务系统，此时就存在维度的整合问题。

在实际整合中，同一个维度的整合需要考虑如下问题。

❏ **命名规范**：要确保一致和统一。

❏ **字段类型**：统一整合为一个字段类型。

❏ **字段编码和含义**：编码及含义要整合为一致，比如前台 A 系统可以用 Y/N 表示商品在线状态，而 B 系统用 0/1 表示，此时需要整合为一致的。实际中还可能碰到商品状态 A 系统有三个，而 B 系统有四个的情况，此时需要和业务人员或者需求方共同讨论确定整合逻辑。

与整合相对的是拆分。对于大的集团公司来说，以中石化为例，其主业为成品油销售，但是同时其还有中石化加油站的快捷零售店（在此仅做说明问题使用），它们的商品表字段和属性由于业务的不同而存在很大的差异（石油商品和零售店销售的食品、饮料等），此时需要用一个统一整合的商品表么（从直觉来说是不需要的，因为业务差异巨大）？

在维度建模理论中，对于上述情况通常有两种处理办法。

1）建一个基础的维度表，此基础维度表包含这些不同业务的共有属性，同时建立各自业务的单独维度表以包含其独特的业务属性。比如，上述例子就可以建立一个共有的商品维度表记录商品价格、商品描述等共有属性字段，同时建立成品油销售的商品维度表记录油标号（92、95、97 等）等成品油独特的商品属性，另外建立一个零售商品维度表记录便利店的各种商品属性（实际操作中通常先建立两个单独的维度表，然后基于单独维度表生成共有的商品维度表或者视图）。

2）拆分，即不合并，即各个业务差异独特性的业务各自建立完全独立的两个维度表，各自管理各自维度表和属性。

实际操作中，对于业务差异大的业务，偶合在一起并不能带来很大的便利和好处，因此通常倾向于拆分（即不合并），各自管理各自的维度表。对于业务相似度比较大的业务，则可以采用上述的第一种方法。

6.2.5 维度其他

1. 退化维度

所谓退化维度（degenerate dimension），是指在事实表中那些看起来像是事实表的一个维度关键字，但实际上并没有对应的维度表的字段。退化维度一般都是事务的编号，如购物小票编号、发票编号等。

退化维度在分析中通常用来对事实表行进行分组，比如通过购物小票编号可以把顾客某次的购买行为全部关联起来，同时分析人员也可以统计用户的购买频次等。

2. 行为维度

行为问题是基于过去维度成员的行为进行分组或者过滤事实的办法。行为维度即将事实转化为维度，以确保获得更多的分析能力。

对于某零售公司来说，考虑这样一个问题，年购买频次超过 30 次或者年购买额达到 10 万的顾客，和年购买频次 1 次或者购买额在 1000 元以下的顾客，他们得到的折扣是相同的吗？营销活动中对于他们的处理应该一致的吗？实际商业实践中，常基于顾客过去的购买行为进行评级（普卡、银卡、金卡、白金卡等），并基于其评级用户给予不同的权益（如商品折扣、免排队等），行为维度通常会缓慢变化，因此需要采用缓慢变化维进行处理。

3. 角色维度

角色维度指的是一个事实表中多个外键指向同一个维度表。

考虑银行的房屋抵押贷款业务，通常顾客的一次抵押贷款至少会涉及两个银行角色：首先是客户经理，其负责收集客户资料并和客户沟通等；其次是审批人，其负责审核客户递交的各种资料并决定是否审批通过。这样在抵押贷款事实表中将存在客户经理和审批人两个外键，同时指向员工维度表，即一个维度扮演了两种角色。

当事实表和维度表存在上述多对一关系时，没有必要为维度表建立多个副本，只需基于维度表建立多个视图即可。

4. 杂项维度

杂项维度（junk dimension）一般由前台业务系统中的指示符或者标志字段组合而成。

在对业务活动建模过程中，经常会发现在定义好各种维度后，还剩下一些在小范围内取离散值的指示符或者标志字段。例如，支付类型字段包括现金和信用卡两种类型（在源系统中它们可能是维护在类型表中，也可能直接保存在交易表中），一张事实表中可能会存在好几个类似的字段。如果作为事实存放在事实表中，会导致事实表占用空间过大；如果单独建立维度表，外键关联到事实表，会出现维度过多的情况。如果将这些字段删除，则更不可行。

这时，通常的解决方案就是建立杂项维度，将这些字段建立到一个维度表中，在事实表中只需保存一个外键。几个字段的不同取值组成一条记录，生成代理键，存入维度表，并将该代理键保存至相应的事实表字段。建议不要直接使用所有组合生成完整的杂项维度表，在抽取时遇到新的组合时生成相应记录即可。杂项维度的 ETL 过程比一般的维度略为复杂。

5. 微型维度

微型维度（mini dimension）的提出主要是为了解决快变超大维度（rapidly changing monster dimension）问题。

以客户维度为例，如果维度表中有数百万、千万甚至以亿计的记录，而且这些记录中的字段又经常变化，则将这样的维度表一般称为**快变超大维度**。对于快变超大维度，设计人员一般不会使用插入新的维度行的缓慢变化维处理方法，因为向本来超大的维度表中添加更多频繁变化的行既不划算也不合适。

解决的方法是，将分析频率比较高或者变化频率比较大的字段提取出来，建立一个单独的维度表。这个单独的维度表就是**微型维度表**。

微型维度表有自己的主键关键字，这个关键字和原客户维度表的关键字一起接入事实表。有时为了分析的方便，可以把微型维度的关键字的最新值作为外关键字接入客户维度表。

6. 多值维度和属性

当事实表的一行涉及维度表的多行时，会产生多值维度。同样，当维度表的一行需要获取单一属性的多个值时，也会产生多值维度。

考虑银行账户交易明细事实表，通常一个银行账户的拥有人只有一个，但是银行实际上也支持联名账户，如果是联名账户，那么在账户交易明细事实表中账户人的维度应该存哪个账户人呢？这就是多值维度所要解决的问题。

通常有两种办法可以解决多值维度或者多值属性。

1）**扁平化多值维度**：在事实表中引入多列，比如联名账户最多三人拥有，那么就在账户交易事实表中引入三个账户拥有人列（比如第一账户拥有人、第二账户拥有人和第三账户拥有人）。此外考虑到业务的可变性，可同时添加预留字段（比如第四、第五账户拥有人）。

2）**桥接表**：Kimball 的维度建模理论也提出了采用桥接表方式来解决此问题。所谓桥接表，是指在事实表和多值维度表之间新增一个表，这个表起到桥接的作用，所以叫桥接表。比如上述多账户的例子，可在事实表和账户人维度表之间添加一个桥接表，这个桥接表将账户人分组，并用分组主键和事实表关联，用分组中的账户人和实际的账户维度表关联，如图 6-7 所示。

但是在实际项目操作中，很少使用桥接表的方式来解决多值问题，因为桥接表是一把双刃剑。桥接表无疑提供了强大的能力和灵活性，但是在这后面是引入的复杂性和巨大的使用风险，客户使用学习成本很高，而且极易用错产生多重计算，因此很多实际项目中都不推荐使用桥接表。

此外，对于多值属性来说，除了上述两种解决办法，还可以将多值的属性存储到一个大字段内，并用指定的分隔符分隔方便下游提取和使用。

SalesRepGroup 表	
SalesRepGroupKey	SalesRepKey
1	50
1	57
1	197
2	32
2	44
3	32
4	50
4	57

图 6-7　桥接表处理多值维度示例

6.3　深入事实表

事实表是维度建模的核心表和基本表。事实表存储了业务过程中的各种度量和事实，而这些度量和事实正是下游数据使用人员所要关心和分析的对象。

本节将重点探讨事实表，包括事实表的三种主要类型：事务事实表、快照事实表和累计快照事实表。除此之外本书还介绍了一种特殊的事实表——无事实的事实表，最后还将讨论事实表的聚集和汇总。

6.3.1　事务事实表

事务事实表是维度建模事实表中最为常见、使用最为广泛的事实表。

事务事实表通常用于记录业务过程的事件，而且是原子粒度的事件。事务事实表中的数据在事务事件发生后产生，数据的粒度通常是每个事务一条记录。一旦事务被提交，事实表数据被插入，数据就不再进行更改。通过事务事实表存储单次业务事件 / 行为的细节，以及存储与事件相关的维度细节，用户即可单独或者聚合分析业务事件和行为。

事务事实表的粒度确定是事务事实表设计过程中的关键步骤，一般都会包含可加的度量和事实。

理解概念的最佳途径无疑是实际的例子，因此下面将结合超市零售业务以及维度建模的四个环节来说明事务事实表。

（1）选择业务过程

在超市的零售示例中，业务用户要做的事情是更好地理解 POS 系统记录的顾客购买情况，那么很容易确定业务过程就是 POS 系统记录的顾客购买情况，即在什么时候、什么商品、哪个收银台、销售了哪些产品等。

（2）定义粒度

顾客单次购买行为的体现是一张购物小票，但正如上述所言，事务事实表应该选择最原子粒度的事件，所以小票的子项（在业务上的动作即为收银员每次扫描的商品条码）应是超市零售事务事实表的粒度。

（3）确定维度

小票子项的粒度确定后，销售日期、销售商品、销售收银台、收银员、销售门店等维度很容易被确定了。另一个不太容易考虑到的维度是促销行为，但是通过和业务人员交流或者查看报表表头等也能够发现此维度。

（4）确定事实

维度设计的最后一步，是确定哪些事实和度量应该在事实表中出现。对于本例，商品销售数量、销售价格和销售金额很容易确定下来。但是实际上，商品的成本价是确定的，因此可以很容易地确定商品的销售毛利：（商品实际销售价格 – 商品成本价）× 销售数量，基于下游使用便利这一因素，也应该将此放入事务事实表中。

基于毛利润也可以计算出毛利率，那么毛利率这种比例应该放入事务事实表吗？在事实表的设计中，一个常见的原则是只存放比例的分子和分母，因为比例的计算是和业务强相关的，业务逻辑可能比较复杂而且比例是非可加的，所以一般不将比例的计算放入事实表中。

至此，已经完成了超市零售事务维度表和事实表的设计，超市零售事务事实表以及相关的维度表如图 6-8 所示（为了简单起见，这里只展示了日期、门店、商品和促销维度）。

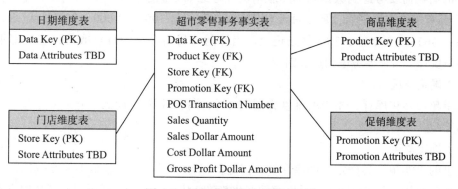

图 6-8　零售事务事实表设计示例

6.3.2 快照事实表

在实际的业务活动中，除了关心单次的业务事件和行为外，很多时候还关心业务的状态（当前状态、历史状态）。以超市零售业务为例，管理人员和分析人员除了关心销售情况，还会关心商品的库存情况，例如哪些商品库存告罄需要补货、哪些积压需要促销，而这正是**快照事实表**（也叫周期快照事实表）所要解决的范畴。

所谓周期快照事实表，是指间隔一定的周期对业务的状态进行一次拍照并记录下来的事实表。最常见的例子是销售库存、银行账户余额等。

与事务事实表的稀疏性不同（这里的稀疏性是相对的），周期快照事实表通常被认为是稠密的。因为事务事实表只有事务发生才会记录，但是周期快照则必须捕获当前每个实体的状态。比如，某个商品如果某天没有销售，那么这个商品是不会存在于当天的事务事实表中的，但是为了记录其库存情况，即使没有销售行为，也必须在周期快照事实表中对其拍照。

周期快照事实表的周期通常需要和业务方共同确定，最常见的周期是天、周和月等。

周期快照事实表中的事实一般是半可加的，如某个商品的库存可以跨商品、仓库等相加，但是明显在时间上相加是没有意义的。

下面以超市的库存业务为例来介绍周期快照事实表的设计过程。

（1）选择业务过程

本例是为了更好地理解超市的库存情况，因此业务过程就是商品的库存情况，即在什么时候、什么商品、哪个仓库的库存量如何。

（2）定义粒度

这里的粒度主要指库存的周期，商品的粒度很容易确定（需要注意这里的商品是 SKU 级别，而不是商品型号级别，比如一双特定型号的鞋子有尺码，每个尺码还有颜色，这里的库存显然应该在 SKU 级别，即某个型号的、某个尺码的、某种颜色的鞋子库存）。选择库存的周期需要考虑到数据量的膨胀情况。考虑如下例子，某个超市有 1 万个商品（即SKU），其有 100 家连锁店，那么每天对其库存拍照将有 100 × 10 000=100 万行记录，那么一年将有 365 × 1 000 000=3.65 亿条记录。当然随着目前存储的日益廉价，这些都不是问题，但是设计人员需要考虑到这些因素。

（3）确定维度

对于超市零售库存，相应的维度为周期（天、周、月等）、商品、仓库（总仓、分仓或者门店等）。

（4）确定事实

这里的事实很容易确定，即库存量。但是仅仅记录现存库存量是不够充分的，因为业务上通常会和其他事实协同来度量库存的变化趋势、快慢等，所以还可对周期快照事实表的事实进行增强，常见的增量度量包括库存价值（库存量 × 销售价格）、库存成本（库存量 ×

成本价格）、周期销量（库存周期内销量）和去化天数（基于周期内销量预计需要的库存售罄天数）等。

基于上述设计的周期快照事实表及相关维度表如图 6-9 示。

日期维度表	零售库存周期快照事实表	商品维度表
Data Key (PK) Data Attributes ...	Data Key (FK) Product Key (FK) Store Key (FK) Quantity on Hand Quantity Sold Dollar Value at Cost Dollar Value at Latest Selling Price	Product Key (PK) Product Attributes ...
门店维度表		
Store Key (PK) Store Attributes ...		

图 6-9　零售周期快照事实表设计示例

6.3.3　累计快照事实表

事实表的第三种类型是累计快照事实表，相比前两者，累计快照事实表没那么常见，但是对于某些业务场景来说非常有价值。

累计快照事实表非常适用于具有工作流或者流水线形式业务的分析，这些业务通常涉及多个时间节点或者有主要的里程碑事件，而累计快照事实表正是从全流程角度对其业务状态的拍照。

考虑车险理赔业务，一次车险的理赔通常包括客户报案、保险公司立案、客户提交理赔材料、理赔审批通过和付款等关键步骤，而累积快照事实表正是从全流程角度对每个车险理赔单的拍照，拍照内容即是其关键步骤的各个状态，便于业务人员一目了然地分析各个理赔单的状态、步骤间的耗时等。

下面以车险理赔业务为例来介绍累计周期快照事实表。

（1）选择业务过程

本例是为了更好地理解保险公司的车险理赔业务，因此业务过程就是车险理赔，即在什么时候、哪个理赔申请所处的状态如何。

（2）定义粒度

累计周期快照事实表的粒度一般很容易确定，就是业务的某个实体，这里即为保险理赔申请。

（3）确定维度

对于累计周期快照事实表，相关的维度包含快照周期（天、周、月和年等）、理赔申请人、受理人、审核人、网点（电话或者实体）等。

（4）确定事实

这里的事实包括索赔金额、审批金额、打款金额、处理时长等。

基于上述设计的累计快照事实表及相关维度表如图 6-10 所示。

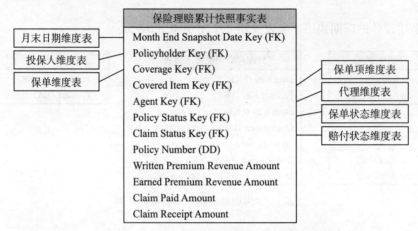

图 6-10 零售累计快照事实表设计示例

6.3.4 无事实的事实表

在维度建模中，事实表是过程度量的核心，也是存储度量的地方。但事实表并不总是需要包含度量和事实。这类不包含事实的事实表被称为**无事实的事实表**。

乍一听有点奇怪，但是请考虑下面业务场景，银行客户服务中心接受客户电话咨询或者在线业务咨询，这里并没有任务的业务度量值，唯一的度量值就是单次咨询事件。其他类似事件还有学生课程出席情况、用户在网站上的浏览行为、客户对广告的点击行为等。

无事实的事实表通常人为增加一个常量列（其列的值总是为 1）来方便对业务时间的统计分析。

图 6-11 是以学生在各门课程中的出席情况为例给出无事实的事实表的维度设计方案。

图 6-11 无事实的事实表的维度设计

6.3.5 汇总的事实表

尽管在当今的大数据时代，计算和存储的代价越来越低，但不代表是没有代价的。出于对性能以及下游使用便捷性的考虑，数据仓库还经常对事实表预先进行聚合和汇总。

通过仔细的规划和设计，汇总的事实表能够给计算和存储的成本、数据仓库的性能带来很大的收益。

尽管聚集和汇总能带来良好的收益，但是也需要付出代价。代价就是带来额外的聚集和汇总任务的维护，尤其是上游明细有任何改动或者更新，如果需要重新更新汇总的事实表，那么重刷事实表的代价也是比较大的。

实际项目中，常常根据业务需求的频繁性来确定需要聚集的维度。此外，为了保证数据的一致性，汇总的事实表通常基于明细表的维度和事实进行计算，以保证维度和计算口径的一致。

6.4　大数据的维度建模实践

维度建模理论的提出远在 Doug Cutting 于 2007 年提出 Hadoop 之前，也远在 Google 于 2004 年发表的对大数据发展产生深远意义的三篇论文前。经过 10 余年大数据技术的发展，目前的存储越来越廉价，计算也越来越廉价，Ralph Kimball 经典维度建模很多概念和设计的提出是基于当时的技术现状，就目前大数据的技术现状和进展以及下游使用便捷性和学习成本来看，Ralph Kimball 经典维度建模理论的某些方面在大数据时代并不适用，而必须进行相应的优化和改良。基于此，本节将主要讨论大数据的维度建模。

大数据的维度建模的主要特点是更进一步地反规范化和扁平化。另外，大数据的维度建模将更为简单、直接，从某种程度上讲，也可以说粗暴，但这一切都是为了下游使用更为便捷、学习成本更为低廉。

下面就事实表和维度表分别介绍其不同。

6.4.1　事实表

在经典的维度建模事实表设计中，事实表将仅存储维度表外键、选定的度量以及退化维度等，如图 6-1 所示的超市零售事务事实表。

这样的设计主要是出于存储的成本以及处理的性能考虑，如果把维度的属性字段等都放在事实表中，那么将带来大量的存储开销，而且处理性能也将大大受到影响。但是在大数据时代，随着 HDFS 和 MapReduce 为代表的各种分布式存储和计算技术的发展，存储、成本以及性能等不再是关键，所以在维度建模理论反规范化思想的基础上，可以更进一步地把常用的维度属性沉淀在事实表中，这样下游使用更为直接和便捷，不需要每次都关联相关维度表获取有关维度属性。也就是说，以存储的冗余为代价，换来了下游的使用便捷以及多次关联计算开销，而在大数据时代，这是完全划算的。

当然，反规范化也不是要把所有维度属性都放在事实表中，应该将业务使用最为频繁和常用的维度属性沉淀在事实表中。

6.4.2 维度表

大数据时代对于维度表设计改变最为明显的是缓慢变化维的处理。在传统缓慢变化维的处理中，需要根据实际情况选用 6.2.1 节的三种方法或者其组合等来处理维度的缓慢变化情况。大数据时代的处理则更为简单和直接，既然存储已经变得廉价，那么为什么不将维度表的快照每天存储一份呢？毕竟相对事实表来说，维度表所占用的存储小得多。

用维度表快照的方式来处理缓慢变化维，实际上也是用存储的冗余开销换来了缓慢变化维复杂逻辑的消除以及下游使用的便捷。想想传统方式要捕获每个维度字段的缓慢变化以及维护对应在事实表代理键的处理复杂性，还有给下游维度表使用所带来的困惑和使用成本，快照的缓慢变化维处理方式还是非常值得的，因为相应的 ETL 逻辑要简化很多，而且下游使用也更为直接和方便。

用快照方式处理缓慢变化维还直接带来了微型维度的消除，因为不管是维度的缓慢变化，还是微型维度要解决的维度频繁变化，快照的方式已经包含了所有历史变化。

大数据时代对维度表设计改变的还有维度层次、杂项维度以及多值维度 / 属性。大数据对这些维度设计的处理是扁平化和反规范化。

维度层次的扁平化也就是在单一维度表中用冗余字段来存储所有层次，维度有 5 个层次就用 5 个层次字段，有 10 个就用 10 个层次字段，存储和成本不是问题。

杂项维度和多值维度 / 属性同样也是多字段解决方案。比如前文所述的账户交易事实表对应多个账户人的问题，有几个账户人就用几个账户字段（当然实际中可以加以限制，比如通过大字段存储超过 2 个的其余共同账户人），多值属性也可以通过类似方案来解决（当然也可以通过大字段的方式来解决，比如把多值属性组装成键值对放在一个长字符串内）。

6.5 本章小结

本章主要介绍了维度建模的知识，包括维度建模的基本概念（度量、事实、事实表、维度表、雪花架构、星形架构）和维度建模的一般过程（选定业务过程、定义粒度、确定维度和确定事实）。

在此基础上，本章还深入探讨了维度表和事实表设计，包括如何处理维度变化、维度层次、维度一致性、维度整合和拆分以及维度的其他概念（退化维度、行为维度、角色维度、杂项维度、微型维度、多值维度和属性），还有事务事实表、快照事实表、累计快照事实表、无事实的事实表和汇总的事实表的设计等。

最后，本章就大数据时代对于维度建模理论设计的主要改良和优化进行了介绍。

至此，离线数据开发的相关知识均已介绍完毕。下一章将以一个实例为例，综合运用这些内容，尤其是在大数据的维度建模实践方面。

第 7 章 *Chapter 7*

Hadoop 数据仓库开发实战

数据的重要性和战略意义已经得到广泛认可，此处不再赘述。实际上，目前业界也都在热火朝天地将大数据战略落地和用于实战。在此过程中，首要的问题是数据平台的搭建。数据平台的搭建包括物理和逻辑两个方面。物理数据平台的搭建包括硬件、大数据工具和技术的选型、购买、搭建等，逻辑数据平台的搭建则包含数据平台架构设计、数据规范制定、数据开发实施和维护等。

物理平台的搭建可以购买成熟的独立商业解决方案（微软、IBM、Teradata 等都有成套的解决方案，如数据仓库一体机，当然也可以单独购买服务器、存储、数据仓库软件和工具并进行定制和搭配），也可以 DIY（即自己购买服务器、存储等各种硬件平台，并购买商用数据处理软件和工具或者选用开源数据处理框架和软件，如 Hadoop、Hive、Kettle 和 Talend 等，自己自由组合搭建数据平台），但是不管购买成套的数据平台解决方案还是 DIY 都会面临硬件花销和维护的问题，数据平台所在的组织和机构必须招聘相应的系统工程师、网络工程师、数据库管理员以确保整个数据平台的稳定运行。数据平台的稳定性至关重要，直接关系着下游所有数据用户以及相关应用系统是否能够随时、随地使用数据，将数据变现。数据平台成了一个机构和组织的关键基础设施，已经像"水电煤"一样不可或缺。

既然是"水电煤"，那么还需要自己"发电"和"供水"吗？为什么要自己搭建物理数据平台并负责管理和维护呢？目前技术的发展实际上也给出了否定的答案，未来的数据和数据平台就如同业务系统一样，都会在云端（可能是公有云，也可能是专有云），随需随用，而不会是在一个一个独自搭建的独立的服务器和数据中心内。不管是从费用开销还是使用便利简捷性以及数据安全方面来讲，基于云的数据平台解决方案都将是主流。

数据从业人员应该把主要的工作时间和精力放在如何构建逻辑上的数据平台上，而不是如何安装 Hadoop、Hive、HBase、Zookeeper 以及如何管理和维护它们之上，这些工作内容将都由云计算供应商专业的数据平台开发和维护工程师负责，数据相关从业人员则负责将数据和业务结合变现。

基于此，本书并没有像很多大数据相关书籍一样花费大量的篇幅介绍如何配置环境、如何安装 Hadoop、Hive 等内容，而是将主要的篇幅留给这些技术、框架和工具的架构和工作原理以及实践等，这些才会是当前以及未来实际工作中数据从业人员的主要工作领域和内容。

本章将在第 3 章、第 4 章以及第 6 章的基础上构建逻辑的数据仓库。本章将先以某零售公司的实际业务为出发点，介绍 Hadoop 数据仓库的通常架构，然后介绍数据仓库开发规范，最后给出具体设计和实施结果。

实际上，目前数据平台并不仅仅包含数据仓库的结构性数据，还包含非结构化（如语音、视频、图片等）和半结构化的数据（如 JSON 格式的、XML 格式的数据），因此需要新的数据架构来支撑，而目前业界比较认可的是基于数据湖的架构，因此本章最后还将简要介绍数据湖的基本概念和技术。

7.1 业务需求

本节假设为某虚拟的、全国连锁的大型零售超市 FutureRetailer 为对象（国外的对标公司为沃尔玛、家乐福、乐购等），为其搭建基于 Hadoop 的数据仓库。之所以选择零售业务，是因为大家都非常熟悉其业务，包括全国连锁业务形态、收银台购物流程、商品供应、商品库存管理等。

FutureRetailer 在全国的各个城市内运营着数以千计的超市，根据城市的人口规模和大小不同，门店也不同，比如对于一线或者重点二线城市，其门店可能数以十计甚至几十计，在某些三四级城市或者乡镇来说，可能只有一个甚至没有。其每一个门店都包含了完整各类商品包含杂货、日常生活用品、水果生鲜、肉类、蔬菜、冷冻食品、花卉等。

对于 FutureRetailer 来说，数据仓库平台对其至关重要。因为数据平台是其数据化运营的前提和基础。基于数据仓库平台生成的各种销售报表和库存报表是公司管理层和各个城市运营人员以及门店运营人员决策的主要依据。整个公司的整体销售趋势如何？是否应该对某些滞销的商品进行促销？客户是否在流失？某些畅销商品是否应该及时补货？如何选择自营商品从而利润最大化？这些都需要及时、准确和精炼过的数据来支持。

同时对于 FutureRetailer 来说，过去的数据分析只是一个方面，更为重要的是对于未来的预测和分析，比如未来商品销售估计，并据此制订采购计划。此外随着新零售的兴起，未来的消费者需要的是更为个性化的服务和产品，如何将这种个性化的商品和服务提供给消费者？在 FutureRetailer 来说，未来的购物也许将会是如下情景。

1）一位资深 FutureRetailer 会员，其近年来购买商品的种类、型号、时间、支付方式、会员卡基本信息、住址、联系方式，以及由此生成的会员购买商品档次评级、消费评级、退款评价等都被数据平台详细记录。

2）会员步入超市或者开车进入超市停车场，FutureRetailer 的车牌识别系统、视频系统或者 WiFi 网络（如果会员通过手机接入）捕获到会员来访，预测会员可能的购买清单，并有针对性地生成促销和优惠信息。比如，会员上次拿起某件商品仔细查看了商品价格但没有购买，那么 FutureRetailer 此次将推荐另一个高性价比的同款商品给会员。

3）会员到收银台结账，FutureRetailer 会预测下次会员的来访时间，并更新采购计划和清单等。

上述所有智能化的、个性化的购买行为必须借助数据平台的支撑。

7.2　Hadoop 数据仓库架构设计

首先介绍基于 Hadoop 的数据仓库逻辑架构。

在 Hadoop 数据仓库的实际设计中，通常出于可维护性、性能成本以及使用便捷性考虑，会对数据仓库中的表进行分层。

来自于源头操作性系统的数据表通常会原封不动地存储一份，这称为 ODS（Operation Data Store）层。ODS 层通常也被称为准备区（staging area），它们是后续数据仓库层（即基于 Kimball 维度建模生成的事实表和维度表层，以及基于这些事实表和明细表加工的汇总层数据）加工数据的来源。同时 ODS 层也存储着历史的增量或者全量数据。

数据仓库层（DW 层）是 Hadoop 数据平台的主体内容。数据仓库层的数据是 ODS 层数据经过 ETL 清洗、转换、加载生成的。Hadoop 数据仓库的 DW 层通常都是基于 Kimball 的维度建模理论来构建的，并通过维度一致性和数据总线来保证各个子主题的维度一致性。

DW 层的数据一定是清洗过的、干净的、一致的、规范的、准确的数据。数据平台的下游用户将会直接使用 DW 层数据，而 ODS 层数据原则上不允许下游用户直接接触和访问。

此外，处于性能、重复计算和使用便捷性考虑，DW 层数据除了保存基于 Kimball 维度建模的最细粒度的事实表和维度表（即 DW 层的明细层），还会基于它们生成一层汇总数据（即 DW 层的汇总层）。汇总层的设计主要是出于性能以及避免重复计算考虑。实际数据仓库的汇总层如何设计以及主要对哪些维度进行汇总等，需要根据业务需求以及明细层实际汇总频率来确定，原则上，业务使用频繁的维度需要对这些维度建立汇总层，汇总的指标可以和业务需求方共同设计完成。

在 DW 层的基础上，各个业务方或者部门可以建立自己的数据集市（Data Mart），此层一般称为**应用层**。应用层的数据来源于 DW 层，原则上不允许应用层直接访问 ODS 层。相比 DW 层，应用层只包含部门或者业务方自己关心的明细层和汇总层数据。

不同于 DW 层字段和指标的通用性，应用层可以包含自己业务或者部门特殊的指标或者字段，但是如果需要横向和其他部门对比，则必须采用公共层公用的指标和字段。应用层数据表等一般由下游用户自己维护和开发，数据平台团队提供咨询和支持，但是拥有者应该为下游数据用户。

采用上述"ODS 层→DW 层→应用层"的数据仓库逻辑架构如图 7-1 所示。

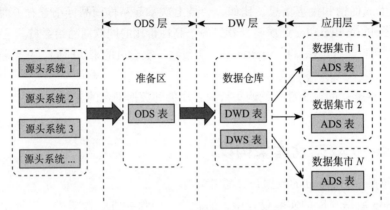

图 7-1　Hadoop 数据仓库逻辑架构

项目实际中，采用上述分层架构可以有以下好处。

❑ **屏蔽源头系统业务变更、系统变更对于下游用户的影响**：如果源头系统业务发生变更，相关的变更由 DW 层来处理，对下游用户透明，无须改动下游用户的代码和逻辑。

❑ **屏蔽源头业务系统的复杂性**：源头系统可能极为繁杂，而且表命名、字段命名、字段含义等可能五花八门，通过 DW 层来规范和屏蔽所有这些复杂性，保证下游数据用户使用数据的便捷和规范。

❑ **避免重复计算和存储**：通过汇总层的引入，避免了下游用户逻辑的重复计算，节省了用户的开发时间和精力，同时也节省了计算和存储。

❑ **数据仓库的可维护性**：分层的设计使得某一层的问题只在该层得到解决，无须更改下一层的代码和逻辑。

7.3　Hadoop 数据仓库规范设计

对于一个公司或者组织来说，使用数据的用户可能成百上千，如何降低大家对于数据使用的沟通成本、如何通过规范大家的行为来降低使用数据的风险，这些问题是必须加以考虑的。

实际实践中，通常用数据仓库的规范来达到此目的。数据仓库的规范包括很多方面，如数据的命名规范、开发规范、流程规范、安全规范和质量规范等，下面将结合 FutureRetailer 业务介绍常用的命名、开发和流程规范。

7.3.1　命名规范

命名规范主要分为表命名规范和字段命名规范等，下面分别介绍。

1. 表命名规范

表命名规范是为了让数据所有相关方对于表包含的信息有一个共同的认知。比如属于哪一层（ODS、DW 明细层、DW 汇总层、应用层）？哪个业务领域（销售、库存、客户服务、促销等）？哪个维度（商品、买家、卖家、类目等）？哪个时间跨度（天、月、年、实时）？增量还是全量？

基于此，数据平台建设者应该首先规定数据仓库分层、业务领域、常见维度和时间跨度等的英文缩写，并据此给出表的命名规范。

对于 FutureRetailer 数据平台，本文给出如下表命名规范，如图 7-2 所示。

图 7-2　FutureRetailer 数据仓库命名规范

第一部分为表数据仓库分层：可能取值为 ODS（ODS 层表）、DWD（DW 明细层表）、DWS（DW 汇总层表）、ADS（应用层表）等。

第二部分为业务领域：可能取值为 sls（销售）、inv（库存）、srv（客户服务）、prmt（促销）等。

第三部分为用户自定义标签：比如商品粒度为 itm，卖家为 byr，卖家为 slr。当然用户也可以自己定义自己的业务、项目和产品标签。

第四部分为时间标签：比如 d 为天、m 为月、y 为年、di 为增量表、df 为全量表等。

根据上述设计，一个汇总层、商品粒度的月度销售汇总表的表明应该为：dws_sls_itm_m。

2. 字段命名规范

字段命名规范应该是有意义而且易于理解的，最好是能够表达字段含义的英文字母。比如，数量型的字段一般以 cnt（count）结尾，数值型的字段以 amt（amout）结尾，标签性的字段应该以 is 打头。实际项目中，数据平台方可以提供常用的英文缩写、业务缩写等来规范用户的字段命名。

7.3.2　开发规范

开发规范主要用于规范和约束数据开发人员和使用人员的习惯，以最大限度地降低数据的使用风险，并同时保证用户遵守最佳实践。毕竟数据代码并不仅是给自己看的，很多时候也需要供他人阅读和参考，尤其是处理问题的时候。

开发规范主要包含以下几个方面。

❑ **数据任务的分类和存放（即目录结构的划分）**：公共代码如何存放，个人代码如何存放，项目和产品的代码如何分类存放，实际项目中需要对此进行统筹规划并保证每个人都遵守，以使得用户很容易找到对应项目、产品或者各个层次的代码（ODS、DWD、DWS、ADS）。

❑ **代码的编程规范**：比如任务注释的规范必须包含哪些部分、代码的对齐规范、代码的开发约定等。

❑ **最佳实践**：在数据仓库的开发实践中，有些最佳实践（比如货币金额都约定用分来表示、灵活运用时间分区、数据类型定义规范等）都需要用开发规范来约束用户的行为，以确保最佳实践得以落地。

7.3.3 流程规范

流程规范用于规范开发流程行为，以保证数据交付进度和质量，降低交付风险。

流程规范主要分为需求流程规范和开发流程规范，常见的需求流程规范如图 7-3 所示。

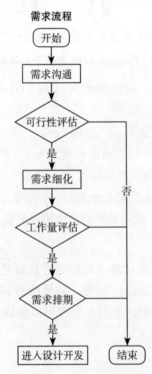

图 7-3 FutureRetailer 数据仓库的需求流程规范

常见的开发流程规范如图 7-4 所示。

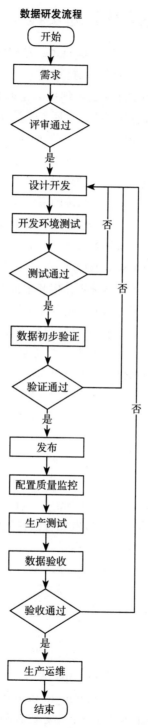

图 7-4 FutureRetailer 数据仓库的开发流程规范

7.4 FutureRetailer 数据仓库构建实践

作为一家全国性的大型零售超市，FutureRetailer 总部的职能部门以及 FutureRetailer 各个区域、城市对于各自业务领域都有强烈的数据需求。

本节将以第 6 章介绍的 Kimball 维度建模理论为基础构建 FutureRetailer 的数据仓库。正如第 6 章所介绍的，维度建模采用有序的四个环节来设计各个业务主题的数据仓库（即选择业务过程、定义粒度、确定维度和确定事实），同时维度建模用维度一致性和数据总线架构来保证各个子主题维度数据的一致性。

首先划分 FutureRetailer 的业务主题，很容易可以将其主题划分为销售域、库存域、客户服务域、采购域等，其次就是确定每个主题域的事实表和维度表。

对于上述每个主题域，比如销售，需要选择最细粒度的数据，很容易确定销售域的最细粒度事实为购物小票的子项、库存域的最细粒度为商品 SKU 的库存、客户服务热线的最细粒度事实为一次电话呼叫、采购域的最细粒度为某个商品 SKU 的采购申请等。

确定粒度之后，相关的维度也已基本确定，但是根据 Hadoop 反规范和扁平化的设计思想，还需要确定哪些字段需要反规范化和扁平化到相关维度表中。

最后一步就是确定需要的事实表，而且应该明确需要哪种类型的事实表，是事务事实表，还是周期快照事实表以及累计快照事实表？如同维度表的反规范化和扁平化设计一样，也要将使用频率高的维度字段反规划化和扁平化到事实表中。

上面描述了构建 FutureRetailer 的数据仓库的整体过程，下面以商品维度表和销售事实表为例分别介绍构建维度表和事实表的设计，包含示例结果、设计原因等，读者可依此完成其他域的事实表和维度表的设计。

7.4.1 商品维度表

将 FutureRetailer 的商品维度表命名为 dim_fr_item（参照前面的命名方式，rf 代表 FutureRetailer），其具体设计和包含的字段以及相应注释如图 7-5 所示。

对 dim_fr_item 维度表的设计详细说明如下。

1）维度表设计的首要问题是维度表的拆分以及合并问题：FutureRetailer 主要是商超业务，因此本实例设计了一个 dim_fr_item 来存放其所有商品的共有属性，但是这些共有属性可能并不能满足所有商品的业务分析要求，比如也许 FutureRetailer 在其收银台或者商超出入口还搭售旅游、度假等产品。显然，旅游、度假产品和普通的日用品有着很大的差异，不管是产品本身还是业务分析等方面，此时可以将共有属性存放在 dim_fr_item，同时再新建一个旅游度假的商品表（如 dim_fr_item_trip）来存放旅游、度假类商品。dim_fr_item_trip 的字段将包含旅游度假的相关字段（和 dim_fr_item 的共有字段一般出于使用便捷考虑也存放在 dim_fr_item_trip 中），如果有另一个业务比较独特，也以做可类似处理。但是不管多少个业务、多少个业务自身的商品表，需要保证这些商品总是存在于 dim_fr_item 中，否则就无法保证维度一致性。

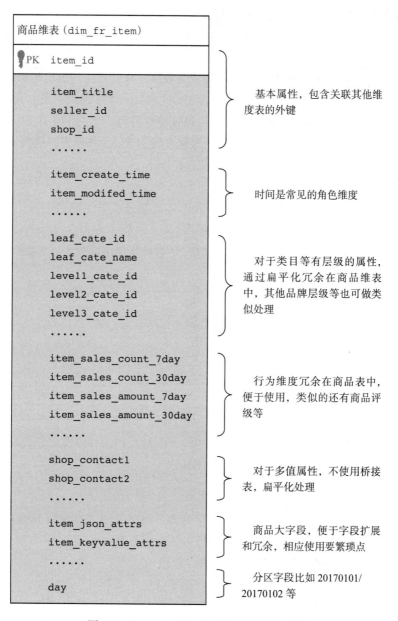

图 7-5　FutureRetailer 商品维度表设计示例

2）对于缓慢变化维和微型维度的问题，dim_fr_item 通过快照和分区字段来解决，即 dim_fr_item 将每天存放一份全量数据快照，存放的生命周期由业务需求确定。具体来说，dim_fr_item 将会有一个分区字段 day，day 的取值为日期（例如 20170101、20170102 等），包含当天商品的全量快照。

对于类目等有层级的商品属性，dim_fr_item 进行了扁平化和冗余处理，以便于下游用户使用（否则用户下游还需要自己关联类目表）。

对于属性存在多值的情况，如店铺存在多个联系人，dim_fr_item 采用了扁平化方式而不是桥接表的方式处理。

dim_fr_item 还包含了最近 7 天、30 天等成交数据，这就是所谓的行为维度。

出于属性扩展性考虑，dim_fr_item 将包含 JSON 和 keyvalue 的大字段。大字段的引入带来了扩展性，但是相应地增加了使用成本，也使便捷性降低，因为下游用户需要自己解析。当然，维度表的设计开发人员也必须对大字段所包含的字段以及提取方式进行仔细说明。

7.4.2 销售事实表

销售子主题是典型的事务性业务活动，并不涉及业务状态的定期快照，也并非工作流形式的业务活动，因此仅需事务性事实表即可。

销售事实表将通过商品 ID、买家 ID、卖家 ID 等和其他维度表关联，如图 7-6 所示。

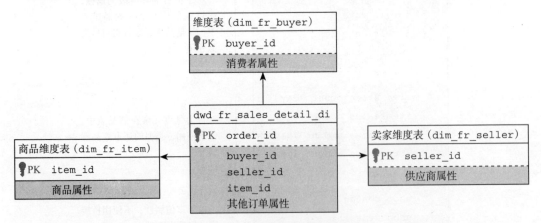

图 7-6　FutureRetailer 销售事实表设计示例

根据 Hadoop 数据仓库反规范化和扁平化的设计思想，除了度量以及维度外键 id 等字段，事实表还需冗余相关常用维度字段到销售事务事实表中。

根据上述思想设计的销售事务事实表如图 7-7 所示。

- ❑ 商品标题、商品类目、商品品牌、供应商等信息等冗余到了此销售事务事实表中。
- ❑ 小票编号、用户开的发票号等也已作为退化维度保存在此销售事务事实表中。
- ❑ 买家星级、供应商评级、商品评级等行为维度也冗余在此销售事务事实表中。
- ❑ 商品所属的各级类目等有层级的属性也都扁平化在此销售事务事实表中。其他如行业等级、品牌等级也可类似处置，便于下游使用。
- ❑ 此销售事务事实表包含了订单大字段来包含订单上的各种标签，比如是否参加某次促销活动以及当时订单项商品所包含的各种状态等，这些标签都存放在了订单大字段中，后续使用只需用 key value/ 或 JSON 解析即可（取决于存储方式）。

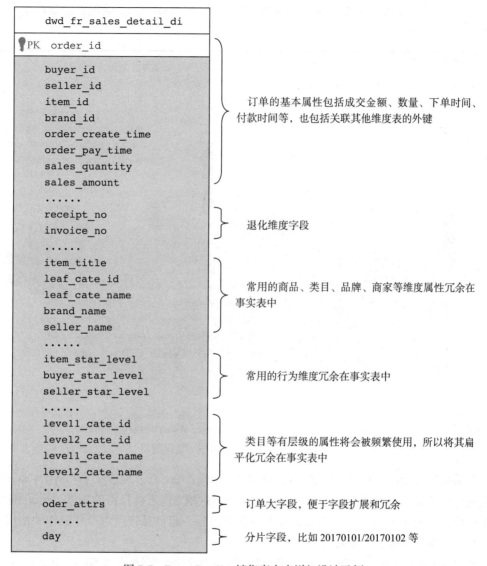

图 7-7　FutureRetailer 销售事实表详细设计示例

7.5　数据平台新架构——数据湖

"数据湖"（data lake）的概念最早是在 2011 年福布斯的一篇文章《Big Data Requires a big new Architecture》中提出的。该文章认为，在大数据时代，数据量的庞大、数据来源和类型的多元化、数据价值密度低、数据增长快速等特性使得传统的数据仓库无法承载，因此需要一个新的架构作为大数据的支撑，而这种架构即是**数据湖**，如图 7-8 所示。

作为新的大数据架构，数据湖采集和存储一切数据，既包含结构化的数据也包含非结构化（如语音、视频等）和半结构化的数据（如 JSON 和 XML 等），既包含原始数据又包含经过处理的、集成的数据。

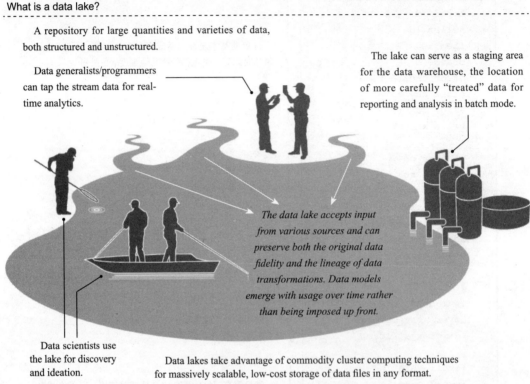

What is a data lake?

A repository for large quantities and varieties of data, both structured and unstructured.

Data generalists/programmers can tap the stream data for real-time analytics.

The lake can serve as a staging area for the data warehouse, the location of more carefully "treated" data for reporting and analysis in batch mode.

The data lake accepts input from various sources and can preserve both the original data fidelity and the lineage of data transformations. Data models emerge with usage over time rather than being imposed up front.

Data scientists use the lake for discovery and ideation.

Data lakes take advantage of commodity cluster computing techniques for massively scalable, low-cost storage of data files in any format.

图 7-8　数据平台新架构——数据湖

数据湖鼓励分析师和数据科学家对原始数据（raw data）在分析沙箱（analytics sandbox，可以视为给予分析师和数据科学家权限的一个项目区域）中进行自由的探索、研究和实验，对于精炼的、有价值的数据，和数据开发、管理团队一起将其转换为更易操作和使用的数据，并供下游分析或者业务人员使用。

数据湖最容易类比的是数据仓库，但实际上它和数据仓库存在许多不同，总结见表 7-1。

表 7-1　数据湖和数据仓库比较

对比方面	数据仓库	数据湖
数据	结构化、处理过的数据	结构化 / 半结构化 / 非结构化 / 原始数据
处理模式	schema-on-write	schema-on-read
存储	大规模存储昂贵	专为低成本存储设计
AGILITY	灵活性差，固定配置	高度灵活，按需配置和重配置
安全	成熟	趋于成熟
业务专家	用户	数据科学家等

数据湖和数据仓库的核心区别如下。

1）**数据湖存放所有数据**：数据湖储存结构化、半结构化和非结构化的数据，同时存放所有数据，不仅包含现在需要用到的数据，也包含以后可能会用到或者压根就用不到的数据；而数据仓库通常存放的都是经过处理的、结构化的数据。

2）**schema-on-Read**：数据湖的储存方式在包含传统数据的同时也会包含这些非传统的数据类型，它存放不论来源和结构的所有数据，数据在数据湖中保持它们原有的形态，直到即将被使用的时候才会进行转换（schema-on-Read）；而数据仓库在写入之前必须定义好结构和形态（schema-on-write）。

3）**更容易适应变化**：在数据湖中，因为所有数据以原始的方式存放并且在需要使用的时候被转换，所以用户可以跳出数据仓库的限制来使用全新的方式去浏览数据来寻求问题的解答。如果数据浏览后发现数据是有价值且可以被重复利用的，那么给予这些数据一个更加合适的使用模式（如转换为日常任务），使得它们能够得到更加广泛的使用。如果认为数据是没用的，那就无须为这些数据去投入任何人力和时间成本。

4）**更快的洞悉能力**：因为数据湖包含所有数据和数据类型，并且它能够让用户在数据经过清洗、转换和结构化之前就访问数据，这种方式使得用户能够比传统的数据仓库方式更快得到结果。

当然，数据湖 collect everything 和 dive in anywhere（analyze everything）并不是说不控制数据质量、也不是不对元数据进行管理。数据治理是必须要进行的，没有约束的 collect everything 和 dive in anywhere 将把数据湖变成数据墓地（big data graveyard）。

总的来说，数据湖 collect everything，然后鼓励用户自助、自由分析数据，其核心思想正好可以解决上述提到的产品和项目自助分析的问题，当然这还需要相关自动化数据采集、元数据管理和自动化数据解析以及处理技术的支撑。

7.6 本章小结

本章在第 3 章、第 4 章以及第 6 章的基础上，以虚构的某全国连锁零售超市 FutureRetailer 为例介绍数据仓库的构建。

本章先介绍基于 Hadoop 数据仓库的逻辑架构，包括 ODS 层、DW 明细层、DW 汇总层和应用层，然后介绍 Hadoop 数据仓库的命名规范、开发规范和流程规范等。

接着本章具体介绍 FutureRetailer 数据仓库的构建，包含其整体思路、业务域划分等，并以商品维度表和销售事实表为例，具体介绍大数据时代维度建模反规划化和扁平化思想的具体应用。

本章最后介绍最新的数据平台新架构——数据湖。

实时数据开发：
大数据开发的未来

这一篇将集中介绍实时计算的相关技术，包括 Storm、Spark Strea-ming、Flink、Beam 以及流计算 SQL 等。在开始具体的介绍之前，首先从整体上介绍章节安排以及具体的各章思路。

第 8 章介绍实时计算的鼻祖 Storm。说是鼻祖，实际上从 2011 年 Twitter 将其开源算起，其实际也不过五六年的时间。目前企业和组织中第一代的实时计算系统基本上都是基于 Storm 或者类 Storm 技术实现的，即使到现在，很多的生产系统仍在使用 Storm，所以本章首先重点介绍 Storm。Storm 提出的流计算概念、架构、并发配置以及核心 API 等很多概念都被后续的各个流计算技术广泛采用。

第 9 章将介绍 Spark Streaming 技术。Spark Streaming 是 Spark 生态圈的一项流计算技术和解决方案，因此本书特辟一章专门介绍。

最后第 10 ~ 13 章分别介绍在社区得到广泛认可的三项流计算的最新技术：Flink、Beam 以及流计算 SQL。Flink 目前被广泛认为是下一代的流计算技术，Beam 则是 Google 力推的流计算标准和范式。

此外，这一部分还将重点介绍流计算 SQL，SQL 具有声明式、广为掌握和接受、标准化、规范化等诸多优点，同时也是离线数据处理的主要工具（Hive SQL）。在实时计算时代，SQL 也将是未来主要的实时数据处理工具。

　　上面介绍了本部分各章的安排顺序，具体每章内容的基本思路为：先对该技术总体进行概览，包括其架构、概念和原理等，然后重点介绍其主要 API 并给出实际的例子，最后介绍该技术的各项高级技术，如容错、可靠性、反压机制等。

　　对于实时数据开发的实战部分，本书都基于 Stream SQL 来实现，这是因为实际项目中的绝大部分需求基本都能通过 Stream SQL 来实现，同时也是最为高效的做法，实际上这也是目前业界的主流做法。但这并不是说只会写 Stream SQL 就行了，相反，在实际的工作和项目中，是先理解业务需求，然后根据掌握的流计算的概念原理、工作机制，选用合适的流计算 SQL 解决方案。也就是说，是需要先有对流计算的深入理解，然后再写出外化的流计算 SQL。

第 8 章 *Chapter 8*

Storm 流计算开发

离线数据开发部分介绍的数据处理流程的基本模式都是：先收集和采集数据，再经过定期调度（通常为天）和处理后将数据放入某种存储（HDFS、关系数据库如 Oracle 和 SQL Server、MPP 数据仓库如 Teradata）中，然后下游用户在需要的时候用某种工具（主要是 SQL 或者像 Hive 等类 SQL）对数据进行查询、统计和分析等。

这种离线处理的模式可以满足"看"数据的需求，但是在大数据时代，数据已经不仅局限在"看"。在很多场景下，需要在数据产生的那个时刻立刻捕获数据，并进行针对性的业务动作（如广告推送、实时商品推荐、实时新闻推荐等）。这种实时数据的处理就是流计算的覆盖范畴，也是本书剩余章节将要讨论的主要内容。

目前有很多专业的流计算处理工具和框架，较为知名的包括 Apache Storm、Spark Streaming、LinkIn Samza、Apache Flink 和 Google MillWheel 等，但是其中最广为人所知的无疑是 Storm，这既跟 Storm 是最早流行的一个流计算技术有关，但是也和 Storm 本身的诸多优点有关。

尽管 Storm 的开源者 Twitter 已经放弃了 Storm，转向其下一代流计算引擎 Heron，但是作为第一代流计算引擎，Storm 其提出的流计算的概念、架构、并发配置以及核心 API 等仍然被后续的流计算技术广为采纳。同时对于极低延迟要求的某些场景，Storm 仍然是很好的解决方案。

基于此，本章将集中介绍 Storm 流计算的相关概念和技术。本章将首先介绍 Storm 的基础知识（包括其使用场合、架构、基本概念和并发处理等），然后用示例的方式让读者对 Storm 的开发有直观的理解，最后将会讨论 Storm 的高级技术（包括可靠性和反压机制等）。

8.1 流计算技术的鼻祖：Storm 技术

Storm 是 Twitter 于 2011 年开源的一个实时数据处理框架，它原来是由 BackType 开发的，BackType 被 Twitter 收购后，Twitter 将 Storm 作为其主要的实时数据处理系统并贡献给了开源社区。

Storm 是一个分布式、高容错、高可靠性的实时计算系统，它对于实时计算的意义相当于 Hadoop 对于批处理的意义。Hadoop 提供了 Map 和 Reduce 原语，使得对数据进行批处理变得非常简单和优美。同样，Storm 也对数据的实时计算提供了简单的 spout 和 bolt 原语。Storm 集群表面上看和 Hadoop 集群非常像，但 Hadoop 上面运行的是 MapReduce 的 Job，而 Storm 上面运行的是 topology（拓扑），它们非常不一样，比如一个 MapReduce Job 最终会结束，而一个 Storm topology 永远运行（除非显式地杀掉它）。

除了 topology 永远在运行之外，Storm 还有着许多独特的、适用于流计算的特点，而这些特点正是其流行的关键，目前 Storm、类 Storm 或者基于 Storm 抽象的框架技术仍然是很多公司实时数据处理的主要技术。

下面逐一介绍 Storm 的这些显著特点。

（1）可靠性

Storm 可以保证 spout 发出的每条消息都能被"完全处理"。spout 发出的消息后续可能会触发产生成千上万条消息，这可以形象地理解为一棵消息树，spout 发出的消息为树根，Storm 会跟踪这棵消息树的处理情况，只有这棵消息树的所有消息都被处理了，Storm 才会认为 spout 发出的这个消息已经被"完全处理"。如果这棵消息树的任何一个消息处理失败，或者整棵数在规定的时间内没有"完全处理"，那么 spout 发出的这个消息会被重发。

上面所描述的情形是保证消息至少被处理一次（at least once）的处理机制，在某些业务场景（比如金融）下，将会要求消息只能被处理一次（exactly once），原生 Storm 不支持 exactly once 的机制，使用 Storm 高级原语 Trident 可以解决这个问题。

（2）可伸缩性

在 Storm 集群中真正运行 topology 的主要有三个实体：工作进程（worker）、线程（executor）和任务（task）。Storm 集群中的每台机器上都可以运行多个工作进程，每个工作进程又可以创建多个线程，每个线程可以执行多个任务，任务是真正进行数据处理的实体，spout 和 bolt 就是作为一个或者多个任务的方式执行的。而这些计算任务在多个线程、工作进程和服务器之间可以并行运行而且支持灵活的水平扩展。

Storm 的可伸缩性使其可以每秒处理的消息量达到很高。实现计算任务的扩展，只需要在集群中添加机器，并提高计算任务的并行度设置即可。Storm 网站上给出了一个具有伸缩性的例子，一个 Storm 应用在一个包含 10 个节点的集群上每秒处理 1 百万条消息，其中包括每秒 100 多次的数据库调用。Storm 使用 Apache ZooKeeper 来协调集群中各种配置的同步，这样 Storm 集群可以很容易地进行扩展。

（3）简单编程

Hadoop 为开发者提供了 map 和 reduce 原语，这使并行批处理程序变得非常简单和优美。同样，Storm 也为大数据的实时计算提供了一些简单、优美的原语（spout 和 bolt），这大大降低了开发并行实时处理任务的复杂性，从而支持了快速、高效的实时应用开发。

（4）容错性

工作进程死亡的时候，Storm 会重新启动它。如果在启动过程中仍然一直失败，并且无法向 Storm 发送心跳，Storm 就会将这个工作进程重新分配到其他机器上去。另外，如果在消息处理过程中出了一些异常，Storm 会重新安排这个出现问题的处理单元。Storm 保证一个处理单元永远运行（除非显式地杀掉这个处理单元）。

（5）支持多种 编程语言

除了用 Java 实现 spout 和 bolt，用户还可以使用任何所熟悉的编程语言来完成这项工作，这一切得益于 Storm 所谓的多语言协议。多语言协议是 Storm 内部的一种特殊协议，允许 spout 或者 bolt 使用标准输入和标准输出来进行消息传递，传递的消息为单行文本或者是 JSON 编码的多行。Storm 支持多语言编程主要是通过 ShellBolt、ShellSpout 和 ShellProcess 等类来实现的，这些类都实现了 IBolt 和 ISpout 接口，以及让 shell 通过 Java 的 ProcessBuilder 类来执行脚本或者程序的协议。可以看到，采用这种方式，每个 tuple 在处理的时候都需要进行 JSON 的编解码，因此在吞吐量上会有较大影响。

（6）本地模式，支持快速编程测试

Storm 有一种"本地模式"，也就是在进程中模拟一个 Storm 集群的所有功能，以本地模式运行拓扑跟在集群上运行拓扑类似，对于开发和测试来说非常有用。

8.1.1　Storm 基本架构

与 Hadoop 的主 / 从架构一样，Storm 也采用 Master/Slave 的体系结构。其中的 Master 即 Nimbus，它的作用类似于 Hadoop 里面的 JobTracker。Nimbus 负责在集群里面分发执行代码，分配工作给工作节点，并且监控任务的执行状态。Storm 中的 Slave 即 Supervisor，它会监听分配给自己所在机器的工作，根据需要启动 / 关闭工作进程，每一个工作进程执行一个 topology 的一个子集。一个运行的 topology 由运行在很多机器上的很多工作进程组成。

Storm 集群中，除了上述 Nimbus 和 Supervisor 所在的控制节点和工作节点外，还使用 Apache Zookeeper 集群来作为自己的协调系统。Storm 集群的整体架构如图 8-1 所示。

Nimbus 和 Supervisor 之间的所有协调工作都是通过 Zookeeper 集群来完成的。并且，Nimbus 进程和 Supervisor 都是快速失败和无状态的。所有状态要么在 Zookeeper 里面，要么在本地磁盘上。这也就意味着可以用 kill -9 来"杀死"Nimbus 和 Supervisor 进程，然后再重启它们，使之可以继续，这个设计使得 Storm 集群具有令人难以置信的稳定性。

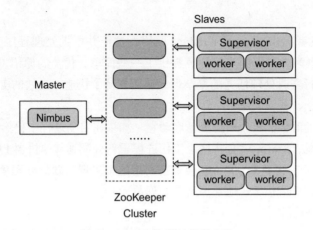

图 8-1　Storm 集群的整体架构

8.1.2　Storm 关键概念

（1）topology

一个实时应用程序在 Storm 中称为一个拓扑（topology），Storm 中的拓扑类似于 Hadoop 的 MapReduce 任务，但是不同之处在于，一个 MapReduce 任务总会运行完成，而拓扑如果不显式结束则一直运行。一个 Storm 拓扑一般是由一个或者多个 spout（负责发送消息）以及一个或多个 bolt（负责处理消息）所组成。

（2）tuple

Storm 处理的基本消息单元为 tuple（元组）。Tuple 是一个命名的值列表，元组中的字段可以是任何类型的对象。Storm 用元组作为其数据模型，元组支持所有基本类型、字符串和字节数组作为字段值，只要实现类型的序列化接口，就可以使用该类型的对象。元组本来应该是一个键值对的 Map，但是由于各个组件间传递的元组的字段名称已经事先定义好，只要按序把元组填入各个值即可，所以元组是一个值的列表。

（3）流

流（stream）在 Storm 中是一个核心的抽象概念。一个流是由无数个元组序列构成，这些元组并行、分布式的被创建和执行。在 stream 的许多元组中，Streams 被定义为以 Fields 区域命名的一种模式。默认情况下，元组支持：Integers, longs, shorts, bytes, strings, doubles, floats, booleans, and byte arrays。你也可以定义自己的序列化器，使这种风格类型能够被自然的使用在元组中。

每一个 Stream 在声明的时候都会赋予一个 id。单个 Stream——spouts 和 bolts，可以使用 OutputFieldsDeclarer 的 convenience 方法声明一个 stream，而不用指定一个 id。但是这种方法会给予一个默认的 id——default。

（4）spout

spout（喷口）是 topology 的流的来源，是一个 topology 中产生源数据流的组件。通常情况下，spout 会从外部数据源（例如 Kafka 队列或 Twitter API）中读取数据，然后转换为 topology 内部的源数据。spout 可以是可靠的，也可以是不可靠的。如果 Storm 处理元组失败，可靠的 spout 能够重新发射，而不可靠的 spout 无法重新发射已经发出的元组。spout 是一个主动的角色，其接口中有一个 nextTuple() 函数，Storm 框架会不停地调用此函数，用户只要在其中生成源数据即可。

spout 可以发出超过一个的流。为此，使用 OutputFieldsDeclarer 类的 declareStream 方法来声明多个流，使用 SpoutOutputCollector 类的 emit 执行方法来流的提交。

spout 的主要方法是 nextTuple()。nextTuple() 会发出一个新的 tuple 到拓扑，如果没有新的元组发出，则简单地返回。nextTuple() 方法不阻止任何 spout 的实现，因为 Storm 在同一个线程调用所有 spout 方法。

spout 的其他主要方法是 ack() 和 fail()。当 Storm 检测到一个 tuple 从 spout 发出时，ack() 和 fail() 会被调用，要么成功完成通过拓扑，要么未能完成。ack() 和 fail() 仅被可靠的 spout 调用。IRichSpout 是 spout 必须实现的接口。

（5）bolt

拓扑中的所有处理逻辑都在 bolt（螺栓）中完成，bolt 是流的处理节点，从一个拓扑接收数据然后执行进行处理的组件。bolt 可以完成过滤（filter）、业务处理、连接运算（join）、连接与访问数据库等任何操作。bolt 是一个被动的角色，其接口中有一个 execute() 方法，此方法在接收到消息后会被调用，用户可以在其中执行自己希望的操作。

bolt 可以完成简单的流的转换，而完成复杂的流的转换通常需要多个步骤，因此需要多个 bolt。此外，bolt 也可以发出超过一个的流。

bolt 的主要方法是 execute() 方法，该方法将一个新元组作为输入。bolt 使用 Output-Collector 对象发射新 tuple。bolt 必须为它们处理的每个元组调用 OutputCollector 类的 ack() 方法，以便 Storm 知道什么时候元组会完成。

（6）流分组

定义一个 topology 的步骤之一是定义每个 bolt 接受什么样的流作为输入。流分组（stream grouping）用来定义一个 Sream 应该如何分配数据给 bolts 上的多个任务。

想象一下，流任务是被分布式执行的，那么一个任务如何知道分隔其输出到下游某个 bolt 逻辑的多个并发实例呢？这也正是流分组概念引入的原因。

在 Storm 中，有 8 种内置的流分组方式，通过实现 CustomStreamGrouping 接口，用户可以实现自己的流分组方式。

Storm 定义的 8 种内置数据流分组方式如下。

❏ shuffle grouping（随机分组）：这种方式会随机分发 tuple 给 bolt 的各个任务，每个 bolt 实例接收到相同数量的 tuple。

❏ fields grouping（按字段分组）：根据指定字段的值进行分组，例如，一个数据流根据 " word " 字段进行分组，所有具有相同 " word " 字段值的（tuple）会路由到同一个（bolt）的 task 中。

❏ all grouping（全复制分组）：将所有的 tuple 复制后分发给所有 bolt task，每个订阅数据流的 task 都会接收到所有 tuple 的一份备份。

❏ globle grouping（全局分组）：这种分组方式将所有的 tuples 路由到唯一的任务上，Storm 按照最小的 task ID 来选取接收数据的 task。注意，当使用全局分组方式时，设置 bolt 的 task 并发度是没有意义的（spout 并发有意义），因为所有 tuple 都转发到同一个 task 上了，此外因为所有的 tuple 都转发到一个 JVM 实例上，可能会引起 Storm 集群中某个 JVM 或者服务器出现性能瓶颈或崩溃。

❏ none grouping（不分组）：在功能上和随机分组相同，是为将来预留的。

❏ direct grouping（指向型分组）：数据源会调用 emitDirect() 方法来判断一个 tuple 应该由哪个 Storm 组件来接收。

❏ local or shuffle grouping（本地或随机分组）：和随机分组类似，但是会将 tuple 分发给同一个 worker 内的 bolt task（如果 worker 内有接收数据的 bolt task），其他情况下则采用随机分组的方式。本地或随机分组取决于 topology 的并发度，可以减少网络传输，从而提高 topology 性能。

❏ partial key grouping：与按字段分组类似，根据指定字段的一部分进行分组分发，能够很好地实现负载均衡，将元组发送给下游的 bolt 对应的任务，特别是在存在数据倾斜的场景下，使用 partial key grouping 能够更好地提高资源利用率。

8.1.3 Storm 并发

Strom 集群中真正运行 topology 的主要有三个实体：worker（工作进程）、executor（线程）和 task（任务）。

图 8-2 简单阐释了它们之间的关系。

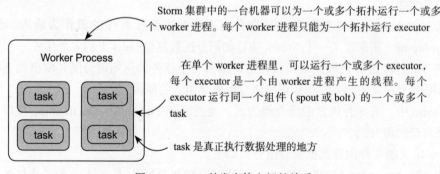

图 8-2　Storm 并发实体之间的关系

一个正在运行的拓扑由很多 worker 进程组成，这些 worker 进程在 Storm 集群的多台机器上运行。一个 worker 进程属于一个特定的拓扑，并且执行这个拓扑的一个或多个组件

（spout 或者 bolt）的一个或多个组件。一个 worker 进程就是一个 JVM，它执行一个拓扑的一个子集。

一个 executor 是由一个 worker 进程产生的一个线程，它运行在 worker 的 JVM 里。一个 executor 为同一个 component（spout 或 bolt）运行一个或多个任务。一个 executor 总会有一个线程来运行 executor 所有的 task，这说明 task 在 executor 内部是串行执行的。

真正的数据处理逻辑是在 task 里执行的，在父 executor 线程执行过程中会运行 task。在代码中实现的每个 spout 或 bolt 在全集群中是以很多 task 的形式运行的。一个组件的 task 数量在这个拓扑的生命周期中是固定不变的，但是一个组件的 executor（线程）数量会随着时间推移发生变化。这说明以下条件一直成立：线程数量≤任务数量。默认情况下，task 数量被设置成跟 executor 一样的数量，即 Storm 会在每个线程上执行一个任务。

8.1.4　Storm 核心类和接口

Strom 中有以下核心类和接口。

❏ IComponent：topology 的组件的通用接口，其核心方法为 declareOutputFields，用于声明当前 topology 的所有流的输出模式。

❏ ISpout：spout 类的核心接口，其核心方法有 nextTuple、ack、fail 等。nextTuple 用于发射 tuple；ack 用于确认消息已被处理；其典型实现是把消息从队列中移走，避免被再次处理；fail 用于 tuple 未被完全处理的逻辑，其典型实现是把该消息再次放入队列，以便被再次发送。

❏ IRichSpout：继承自 ISpout 和 IComponent 接口。

❏ BaseRichSpout：ISpout 接口和 IComponent 接口的一个简便实现，该抽象类对用不到的方法提供了默认实现，在 Spout 的开发中一般继承其进行实际的业务逻辑开发。

❏ IBolt：bolt 类的核心接口，其核心方法为 execute，用于处理输入的单一 tuple。

❏ IRichBolt：继承自 IBolt 和 IComponent 接口。

❏ BaseRichBolt：提供 IBolt 和 IComponent 接口的一个简便实现，其核心方法为 execute、declareOutputFields、prepare、cleanup 等，其中 prepare 用于初始化 SpoutOutput-Collector 对象，而 declareOutputFields 用于声明发射数据的输出字段。

8.2　Storm 实时开发示例

理解一个技术或框架的最好办法是实例，因此下面将以经典的单词计数为例，介绍完整 Storm 应用程序的构成的基本结构。正如第 3 章所提到的，单词计数实例是以来自源头的每一句话作为输入，统计每个单词出现的次数，不过不同于 Hadoop MapReduce 静态的、一次性输入和输出文件，这里的 Storm 单词计数应用需要不停读取源头，并不停地刷新单词出现次数结果。

首先设计单词计数实例的 topology 拓扑。如图 8-3 示，单词计数 topology 由一个 spout 和下游的 3 个 bolt 组成。

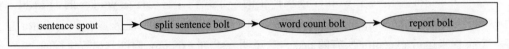

图 8-3 Storm 单词计数实例拓扑图

8.2.1 语句生成 spout

语句生成 spout（SentenceSpout 类）的功能很简单，向后端发射一个单值 tuple 组成的数据流，键名是" sentence"，键值是字符串格式存储的一句话。为了简化起见，这里的数据源是一个静态语句的列表。spout 会一直循环将每句话作为 tuple 发射。实际应用中，spout 通常会连接到动态数据源上，比如通过 Kafka 或者其他数据采集工具生成的数据流上。

SentenceSpout 类的核心伪代码逻辑如下：

```
public class SentenceSpout extends BaseRichSpout {
private SpoutOutputCollector collector;
private String[] sentences = {
        "my dog has fleas",
        "i like cold beverages",
        "the dog ate my homework",
        "don't have a cow man",
        "i don't think i like fleas"
};
private int index = 0;
public void declareOutputFields(OutputFieldsDeclarer declarer) {
    declarer.declare(new Fields("sentence"));
}
public void open(Map config, TopologyContext context,
            SpoutOutputCollector collector) {
    this.collector = collector;
}
public void nextTuple() {
    this.collector.emit(new Values(sentences[index]));
    index++;
    if (index >= sentences.length) {
        index = 0;
    }
    Utils.waitForMillis(1);
}
}
```

BaseRichSpout 类是 ISpout 接口和 IComponent 接口的一个简便实现。接口对本例中用不到的方法提供了默认实现。使用这个类，我们可以专注在所需要的方法上。

方法 declareOutputFields() 是在 IComponent 接口中定义的，所有 Storm 的组件（spout

和 bolt）都必须实现这个接口。Storm 的组件通过这个方法告诉 Storm 该组件会发射哪些数据流、每个数据流的 tuple 中包含哪些字段。本例中，我们声明了 spout 会发射一个数据流，其中的 tuple 包含一个字段（sentence）。

nextTuple() 方法是所有 spout 实现的核心所在，Storm 通过调用这个方法向输出的 collector 发射 tuple。本例中，我们发射当前索引对应的语句，并且递增索引指向下一个语句。

8.2.2　语句分割 bolt

语句分割 bolt（SplitSentenceBolt 类）会订阅 SentenceSpout 发射的 tuple 流。每当收到一个 tuple，bolt 会获取"sentence"对应值域的语句，然后将语句分割为一个个的单词。每个单词向后发射一个 tuple。

SplitSentenceBolt 类的核心伪代码逻辑如下：

```
public class SplitSentenceBolt extends BaseRichBolt{
private OutputCollector collector;
public void prepare(Map config, TopologyContext context,
                    OutputCollector collector) {
    this.collector = collector;
}
public void execute(Tuple tuple) {
    String sentence = tuple.getStringByField("sentence");
    String[] words = sentence.split(" ");
    for(String word : words){
        this.collector.emit(new Values(word));
    }
}
public void declareOutputFields(OutputFieldsDeclarer declarer) {
    declarer.declare(new Fields("word"));
}
}
```

prepare() 方法在 IBolt 中定义，类似于 ISpout 接口中定义的 open() 方法。这个方法在 bolt 初始化时调用，可以用来准备 bolt 用到的资源，如数据库连接。和 SentenceSpout 类一样，SplitSentenceBolt 类在初始化时没有额外操作，因此 prepare() 方法仅仅保存 OutputCollector 对象的引用。

在 declareOutputFields() 方法中，SplitSentenceBolt 声明了一个输出流，每个 tuple 包含一个字段"word"。

SplitSentenceBolt 类的核心功能在 execute() 方法中实现，这个方法是 IBolt 接口定义的。每当从订阅的数据流中接收一个 tuple，都会调用这个方法。本例中，execute() 方法按照字符串读取"sentence"字段的值，然后将其拆分为单词，每个单词向后面的输出流发射一个 tuple。

8.2.3 单词计数 bolt

单词计数 bolt（WordCountBolt 类）订阅 SplitSentenceBolt 类的输出，保存每个特定单词出现的次数。每当接收到一个 tuple，单词计数 bolt 会将对应单词的计数加 1，并且向后发送该单词当前的计数。

WordCountBolt 类的核心伪代码逻辑如下：

```
public class WordCountBolt extends BaseRichBolt{
private OutputCollector collector;
private HashMap<String, Long> counts = null;
public void prepare(Map config, TopologyContext context,
                    OutputCollector collector) {
    this.collector = collector;
    this.counts = new HashMap<String, Long>();
}
public void execute(Tuple tuple) {
    String word = tuple.getStringByField("word");
    Long count = this.counts.get(word);
    if(count == null){
        count = 0L;
    }
    count++;
    this.counts.put(word, count);
    this.collector.emit(new Values(word, count));
}
public void declareOutputFields(OutputFieldsDeclarer declarer) {
    declarer.declare(new Fields("word", "count"));
}
}
```

WordCountBolt 类是 topology 中实际进行单词计数的组件。该 bolt 的 prepare() 方法中，实例化了一个 HashMap<String, Long> 的对象，用来存储单词和对应的计数。大部分实例变量通常是在 prepare() 方法中进行实例化，这个设计模式由 topology 的部署方式决定（通常情况下最好是在构造函数中对基本数据类型和可序列化的对象进行赋值和实例化，在 prepare() 方法中对不可序列化的对象进行实例化，以防抛出 NotSerializableException 异常）。

在 declareOutputFields() 方法中，WordCountBolt 类声明了一个输出流，其中的 tuple 包括了单词和对应的计数。execute() 方法中，当接收到一个单词时，先查找这个单词对应的计数（如果单词没有出现过，则计数初始化为 0），递增并存储计数，然后将单词和最新计数作为 tuple 向后发射。将单词计数作为数据流发射，topology 中的其他 bolt 就可以订阅这个数据流进行进一步的处理。

8.2.4 上报 bolt

上报 bolt（ReportBolt 类）订阅 WordCountBolt 类的输出，像 WordCountBolt 类一样维护一份所有单词对应的计数的表。当接收到一个 tuple 时，上报 bolt 会更新表中的计数数据，并且将值在终端打印。

ReportBolt 类的核心伪代码逻辑如下：

```java
public class ReportBolt extends BaseRichBolt {
private HashMap<String, Long> counts = null;
public void prepare(Map config, TopologyContext context,
                    OutputCollector collector) {
    this.counts = new HashMap<String, Long>();
}
public void execute(Tuple tuple) {
    String word = tuple.getStringByField("word");
    Long count = tuple.getLongByField("count");
    this.counts.put(word, count);
}
public void declareOutputFields(OutputFieldsDeclarer declarer) {
// this bolt does not emit anything
}
public void cleanup() {
    System.out.println("--- FINAL COUNTS ---");
    List<String> keys = new ArrayList<String>();
    keys.addAll(this.counts.keySet());
    Collections.sort(keys);
    for (String key : keys) {
        System.out.println(key + " : " + this.counts.get(key));
    }
    System.out.println("--------------");
}
}
```

ReportBolt 类的作用是对所有单词的计数生成一份报告。和 WordCountBolt 类似，ReportBolt 用一个 HashMap<String,Long> 对象来保存单词和对应计数。本例中，它的功能是简单地存储接收到单词计数 bolt 发射出的计数 tuple。

上报 bolt 和前述其他 bolt 的一个区别是，它是一个位于数据流末端的 bolt，只接收 tuple。因为它不发射任何数据流，所以 declareOutputFields() 方法是空的。

上报 bolt 中初次引入了 cleanup() 方法，这个方法在 IBolt 接口中定义。Storm 在终止一个 bolt 之前会调用这个方法。本例中，我们利用 cleanup() 方法在 topology 关闭时输出最终的计数结果。通常情况下，cleanup() 方法用来释放 bolt 占用的资源，如打开的文件句柄或者数据库连接。

8.2.5　单词计数 topology

定义了计算所需要的 spout 和 bolt，就可将它们整合为一个可运行的 topology。

Storm topology 通常由 Java 的 main() 函数进行定义、运行或者提交（部署到集群的操作）。在本例中，我们首先定义了一系列字符串常量，作为 Storm 组件的唯一标识符。main() 方法中，首先实例化了 spout 和 bolt，并生成一个 TopologyBuilder 实例。

```java
public class WordCountTopology {
private static final String SENTENCE_SPOUT_ID = "sentence-spout";
```

```
private static final String SPLIT_BOLT_ID = "split-bolt";
private static final String COUNT_BOLT_ID = "count-bolt";
private static final String REPORT_BOLT_ID = "report-bolt";
private static final String TOPOLOGY_NAME = "word-count-topology";
public static void main(String[] args) throws Exception {
    SentenceSpout spout = new SentenceSpout();
    SplitSentenceBolt splitBolt = new SplitSentenceBolt();
    WordCountBolt countBolt = new WordCountBolt();
    ReportBolt reportBolt = new ReportBolt();
    TopologyBuilder builder = new TopologyBuilder();
    builder.setSpout(SENTENCE_SPOUT_ID, spout);
    // SentenceSpout --> SplitSentenceBolt
    builder.setBolt(SPLIT_BOLT_ID, splitBolt)
            .shuffleGrouping(SENTENCE_SPOUT_ID);
    // SplitSentenceBolt --> WordCountBolt
    builder.setBolt(COUNT_BOLT_ID, countBolt)
            .fieldsGrouping(SPLIT_BOLT_ID, new Fields("word"));
    // WordCountBolt --> ReportBolt
    builder.setBolt(REPORT_BOLT_ID, reportBolt)
            .globalGrouping(COUNT_BOLT_ID);
    Config config = new Config();
    LocalCluster cluster = new LocalCluster();
    cluster.submitTopology(TOPOLOGY_NAME, config, builder.
            createTopology());
    waitForSeconds(10);
    cluster.killTopology(TOPOLOGY_NAME);
    cluster.shutdown();
}
}
```

TopologyBuilder 类提供了流式接口风格的 API 来定义 topology 组件之间的数据流。首先注册一个 sentence spout 并且赋值给其唯一的 ID：

```
builder.setSpout(SENTENCE_SPOUT_ID, spout);
```

然后注册一个 SplitSentenceBolt，这个 bolt 订阅 SentenceSpout 发射出来的数据流：

```
builder.setBolt(SPLIT_BOLT_ID, splitBolt)
.shuffleGrouping(SENTENCE_SPOUT_ID);
```

TopologyBuilder 类的 setBolt() 方法会注册一个 bolt，并且返回 BoltDeclarer 的实例，可以定义 bolt 的数据源。本例子中，我们通过将 SentenceSpout 的唯一 ID 赋值给 shuffleGrouping() 方法确立了这种订阅关系。shuffleGrouping() 方法告诉 Storm 要将类 SentenceSpout 发射的 tuple 随机均匀地分发给 SplitSentenceBolt 的实例。

如下代码确立了 SplitSentenceBolt 类和 WordCountBolt 类之间的连接关系：

```
builder.setBolt(SPLIT_BOLT_ID, splitBolt)
.shuffleGrouping(SENTENCE_SPOUT_ID);
```

这里使用 BoltDeclarer 类的 fieldsGrouping() 方法来保证所有"word"字段值相同的

tuple 会被路由到同一个 WordCountBolt 实例中。

定义数据流的最后一步是将 WordCountBolt 实例发射出的 tuple 流路由到 ReportBolt 类上。本例中，我们希望 WordCountBolt 发射的所有 tuple 路由到唯一的 ReportBolt 任务中。globalGrouping() 方法提供了这种用法：

```
builder.setBolt(REPORT_BOLT_ID, reportBolt)
.globalGrouping(COUNT_BOLT_ID);
```

将上述的所有 spout、bolt 和 Topology 类编译、打包并提交到 Storm 集群上，即可执行此单词计数的 Topology。

8.2.6　单词计数并发配置

Storm 计算支持在多台机器上水平扩容，通过将计算切分为多个独立的任务在集群上并发执行来实现。在 Storm 中，一个任务可以简单地理解为在集群某节点上运行的一个 spout 或者 bolt 实例。

正如 6.1.4 节中所介绍的，集群中实际运行 topology 的有如下 4 个实体。

❑ node（服务器）：指配置在一个 Storm 集群中的服务器，会执行 topology 的一部分运算。一个 Storm 集群可以包括一个或者多个工作 node。

❑ worker（JVM 虚拟机）：指一个 node 上相互独立运行的 JVM 进程，每个 node 可以配置运行一个或者多个 worker，一个 topology 会分配到一个或者多个 worker 上运行。

❑ executor（线程）：指一个 worker 的 JVM 进程中运行的 Java 线程，多个 task 可以指派给同一个 executor 来执行，除非明确指定，Storm 默认会给每个 executor 分配一个 task。

❑ task（bolt/spout 实例）：task 是 spout 和 bolt 的实例，它们的 nextTuple() 和 execute() 方法会被 executor（线程）调用执行。

到目前为止，在单词计数的示例中没有明确配置任何 Storm 并发，而是让 Storm 使用默认配置。在大多数情况下，除非明确指定，Strom 的并发设置默认是 1。

在修改 topology 的并发度之前，先来看默认配置下 topology 是如何执行的。假设有一台服务器（node），为 topology 分配了一个 worker，并且每个 executor 执行一个 task。topology 执行过程将如图 8-4 所示。

增加额外的 worker 是增加 topology 计算能力的简单方法。为此 Storm 提供了 API 和修改配置项两种修改方法。无论采取哪种方法，spout 和 bolt 组件都不需要做变更，可以直接复用。在单词计数 topology 前面的版本中，我们引入了 Config 对象在发布时传递参数给 submitTopology() 方法，但是没有做更多的配置操作。为了增加分配给一个 topology 的 worker 数量，只需要简单地调用一下 Config 对象的 setNumWorkers() 方法：

```
Config config = new Config();
config.setNumWorkers(2);
```

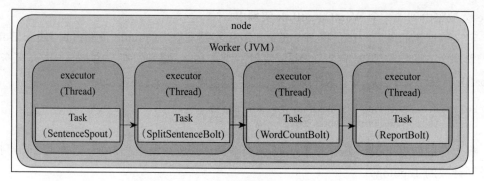

图 8-4 Storm 单词计数实例单并发执行图

这样就给 topology 分配了两个 worker 而不是默认的一个，从而增加了 topology 的计算资源，也更有效地利用了计算资源。

我们还可以调整 topology 中的 executor 个数以及每个 executor 分配的 task 数量。我们已经知道，Storm 给 topology 中定义的每个组件建立一个 task，默认情况下，每个 task 分配一个 executor。Storm 的并发机制 API 对此提供了控制方法，允许设定每个 task 对应的 executor 个数和每个 executor 可执行的 task 的个数。

在定义数据流分组时，可以设置给一个组件指派的 executor 的数量。为了说明这个功能，修改 topology 的定义代码，设置 SentenceSpout 并发为两个 task，每个 task 指派各自的 executor（线程）。

```
builder.setSpout(SENTENCE_SPOUT_ID, spout, 2);
```

如果只使用一个 worker，topology 的执行如图 8-4 所示。

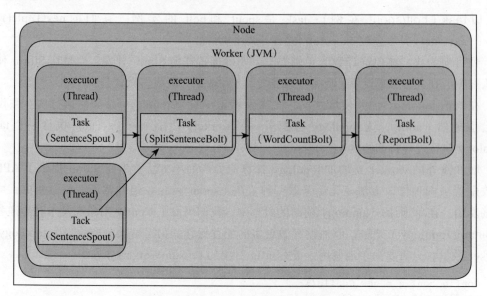

图 8-5 Storm 单词计数实例双并发执行图

下一步，我们给语句分割 bolt SplitSentenceBolt 设置 4 个 task 和 2 个 executor。每个 executor 线程指派 2 个 task 来执行（4/2=2）。还将配置单词计数 bolt 运行 4 个 task，每个 task 由一个 executor（线程）执行：

```
builder.setBolt(SPLIT_BOLT_ID, splitBolt, 2)
.setNumTasks(4)
.shuffleGrouping(SENTENCE_SPOUT_ID);
builder.setBolt(COUNT_BOLT_ID, countBolt, 4)
.fieldsGrouping(SPLIT_BOLT_ID, new Fields("word"));
```

在 2 个 worker 的情况下，上述配置的 topology 执行如图 8-6 所示。

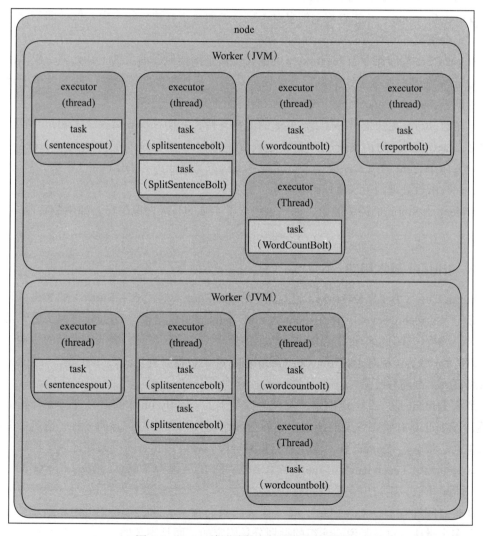

图 8-6　Storm 单词计数实例多并发执行图

8.3 Storm 高级原语 Trident

8.3.1 Trident 引入背景

在介绍 Trident 的引入之前，首先介绍流计算的三种语义：at most once（至多一次）、at least once（至少一次）以及 exactly once（恰好一次）。

❑ at most once：保证每个消息会被投递 0 次或者 1 次，在这种机制下，消息很有可能会丢失。

❑ at least once：保证了每个消息会被默认投递多次，至少保证有一次被成功接收，信息可能有重复，但是不会丢失。

❑ exactly once：意味着每个消息对于接收者而言正好被接收一次，保证即不会丢失也不会重复。

Storm Core 能够保证 at least once 的语义，但是不能保证消息被正好处理一次（exactly once），但是在某些情况下，消息只能被处理一次，尤其在金融等领域，即使对于上述单词计数的例子，at least once 也是不够的，因为可能重复计数。

早期的 Storm 无法提供 exactly once 的语义支持，后期 Storm 引入了 Trident 高级原语，提供了 exactly once 的语义支持。当然这仅仅是 Trident 在语义支持方面对 Storm 的改进，在其他方面 Trident 的引入还使得 Storm 具有了状态管理能力和 fail-over（容错，故障处理）能力，同时微批处理的引入也使得吞吐量大大提高。

Trident 是 Storm 的高级原语，因此也包含了丰富的高级抽象操作，如函数功能、过滤、聚合等。

8.3.2 Trident 基本思路

Storm Core（为了区分 Trident，这里用 Storm Core 来指代原生 Storm）的数据处理单位为单条记录（record level），而 Trident 为 mini batch，也就是说，Trident 将源头数据流分成了非常小的批，并对每个批次分别进行数据的处理（包括批数据的重试、出错的重放、状态的管理等）。显然，相对于 Strom Core record level 的数据处理、ack、fail 等，mini batch 的方式将会大大提高吞吐量。

那么 Trident 是怎么实现出错、重试等情况下的 exactly once 的语义支持呢？正如前面所述，Trident 具有状态管理的能力，实际上元组的批划分就是状态的一种（当然中间处理的结果也是状态）。Trident 在对元组进行批划分时，会通过状态的存储保证以下性质。

❑ 每批元组（each batch of tuples）给出唯一的 ID，称为"transaction id"（txid）。如果批被重放，则给出完全相同的 txid。

❑ 批之间没有重叠（overlap），即一个元组只会在一个批或另一个批中，绝不会出现在多个批中。也就是说，元组的批划分是固定的，而且永久的。

同时，Trident 在对批进行处理的时候会保证以下性质。

❑ 批的状态更新是有序的，也就是说，在批 2 的状态更新成功之前，批 3 的状态更新将不会被应用。

❑ 批重放的时候会重放本批所有数据。

有了上述的假设，下面结合单词计数的例子，具体介绍 Trident 是如何实现 exactly once 语义支持的。

假设单词计数 topology 正在计算 word count，并且将 word count 的中间结果存储在 key/value 的数据库中，这里的 key 是某个 word，value 则是当前的 count 中间结果。很显然，仅将 count 状态存储起来无法实现出错的重放，我们必须将 transaction id 也和 count 一起存储起来，然后当更新 count 时，只需将数据库中的 transaction id 与当前批处理的 transaction id 进行比较，如果它们相同，则跳过该更新（因为 Trident 的批处理是有序的，可以确定当前存储的 count 值已经包含当前批了），如果它们不同，将当前批的值累加到当前 count 值即可，此逻辑工作原理是因为 txid 的批不会更改，而且 Trident 可确保批处理一定是有序的。

例如，当前要处理的批数据如下，其 txid=3：

```
man
man
dog
```

假设中间的处理状态和结果如下：

```
man => [count=3, txid=1]
dog => [count=4, txid=3]
apple => [count=10, txid=2]
```

与 man 相关联的 txid 为 txid 1，由于当前的 txid 为 3，因此可以确定这批元组未显示在该 count 中，所以可以继续递增 count2 并更新 txid。此外，dog 的 txid 与当前的 txid 相同，所以可以确定当前批次的增量已经体现在数据库中，直接跳过更新即可。

完成上述更新后，新的中间状态和结果如下所示：

```
man => [count=5, txid=3]
dog => [count=4, txid=3]
apple => [count=10, txid=2]
```

上述就是 Trident 事务型状态管理的逻辑和过程，Trident 状态管理还有非事务型和透明事务型，这里不多做介绍，因为实际上主要使用的是事务型状态管理，尤其是和 Kafka 集成处理实时数据的时候。

8.3.3 Trident 流操作

Trident 提供 5 种类型丰富的、对流进行操作的 API，以此来简化和加快流任务的开发，具体分类如下。

□ 分区本地操作（partition-local operation）：对每个 partition 的局部操作，不产生网络传输。

□ 重分区操作 (repartitioning operation)：对数据流（stream）的重新划分（仅仅是划分，但不改变内容），产生网络传输。

□ 聚合操作：作为操作（operation）的一部分进行网络传输。

□ 作用在分组流上的操作（operation on grouped stream）。

□ merge 和 join 操作。

下面对上述的各类流操作具体进行介绍。

1. 分区本地操作

分区本地操作（partition-local operation）不涉及网络传输，并且独立地应用于每个批处理分区（batch partition），其主要包含的操作如下。

（1）function

一个函数收到一个输入元组后，可以输出 0 或多个元组，输出元组的字段被追加到接收到的输入元组后面。如果对某个元组执行 function 操作后没有输出元组。则该元组被过滤；否则，就会为每个输出元组复制一份输入元组的副本。

（2）filter

filter 收到一个输入元组，并决定是否保留该元组。

（3）map

map 返回一个流，它包含将给定的映射函数（mapping function）应用到流的元组的结果。这可以用来对元组应用一对一变换（one-one transformation），比如 mystream.map(new UpperCase())。

（4）flatMap

flatMap 类似于 map，但具有将一对多变换（one-to-many transformation）应用于流的值（values of the stream）的效果，然后将所得到的元素扁平化（flattening）为新的流，例如 mystream.flatMap(new Split(), new Fields("word")。

（5）peek

peek 可用于在每个 Trident tuple 经过流时对其执行附加操作，比如添加 debug 信息等。

（6）min 和 minBy

min 和 minBy 操作在 Trident 流中一批元组的每个分区上返回最小值（minimum value）。

（7）max 和 maxBy

max 和 maxBy 操作在 Trident 流中一批元组的每个分区上返回最大值（maximum）。

（8）partitionAggregate

partitionAggregate 在每个批量元组（batch of tuples）分区上执行一个 function 操作（实际上是聚合操作），但它又不同于上面的 function 操作，partitionAggregate 的输出 tuple 将

会取代收到的输入 tuple。

（9）stateQuery and partitionPersist

stateQuery 和 partitionPersist 分别查询（query）和更新（update）状态源（sources of state）。

（10）projection

经 Stream 中的 project 方法处理后的 tuple 仅保持指定字段（相当于过滤字段）。

2. 重分区操作

类似于 Storm 的分组操作，请参考 7.1.3 节流分组部分的内容。

3. 聚合操作

Trident 中的 aggregate() 和 persistentAggregate() 方法可用于对流进行聚合操作。aggregate() 在每个批上独立执行，persistemAggregate() 对所有批中的所有 tuple 进行聚合，并将结果存入 state 源中。

此外，aggregate() 是对 Stream 做全局聚合。

4. 作用在分组流上的操作

作用在分组流上的操作主要是 group by 操作。

groupby 操作会先对流中的指定字段做 partitionBy 操作，让指定字段相同的 tuple 能被发送到同一个分区里。然后在每个分区里根据指定字段值对该分区里的 tuple 进行分组。如果你在一个分流组上做聚合操作，将会在每个分组内进行，而不是整个 batch 上。

5. merge 和 join 操作

将几个流汇总到一起最简单的汇总方法是使用 merge 操作：

```
topology.merge(stream1, stream2, stream3);
```

另一种汇总方法是使用 join 操作，其类似于 SQL 中的连接操作，但是需要有限的输入，示例如下：

```
topology.join(stream1, new Fields("key"), stream2, new Fields("x"), new
Fields("key", "a", "b", "c"));
```

上述示例用"key"和"x"作为每个相应流的连接字段将 stream1 和 stream2 join 在一起。

8.3.4　Trident 的实时开发实例

本节还以单词计数例子来给出 Trident 的实例。

首先给出 spout 的核心代码：

```
FixedBatchSpout spout = new FixedBatchSpout(new Fields("sentence"), 3,
        new Values("the cow jumped over the moon"),
        new Values("the man went to the store and bought some candy"),
```

```
                new Values("four score and seven years ago"),
                new Values("how many apples can you eat"));
    spout.setCycle(true);
```

这个 spout 会循环 sentence 数据集，不断输出 sentence stream，下面的代码会以这个 stream 作为输入并计算每个单词的个数。

```
TridentTopology topology = new TridentTopology();
TridentState wordCounts =
    topology.newStream("spout1", spout)
    .each(new Fields("sentence"), new Split(), new Fields("word"))
    .groupBy(new Fields("word"))
    .persistentAggregate(new MemoryMapState.Factory(), new Count(), new Fields
("count"))
    .parallelismHint(6);
```

在这段代码中，我们首先创建了一个 TridentTopology 对象，TridentTopology 类中的 newStream 方法从输入源中读取数据，并在 topology 中创建一个新的数据流。本例中，我们用前面定义的 FixedBatchSpout 对象作为输入源。当然，实际项目中的输入数据源可能是 Kafka 这样的队列代理。Trident 会通过在 ZooKeeper 中保存每个输入源一小部分 state 信息（关于它已经消费的数据的 metadata 信息）来追踪数据的处理情况，通过"spout1"字符串来指定应保留 metadata 信息到 ZooKeeper 的哪个节点。

spout 输出了包含单一字段的"sentence"数据流，然后 topology 用 Split 函数将此 stream 拆分成一个个 tuple，Split 函数读取 stream（输入流）中的"sentence"字段并将其拆分成若干个 word tuple。每一个 sentence tuple 可能会被转换成多个 word tuple，例如，"the cow jumped over the moon"会被转换成 6 个"word"tuples。Split 函数的具体定义如下：

```
    public class Split extends BaseFunction {
        public void execute(TridentTuple tuple, TridentCollector collector)
    {
            String sentence = tuple.getString(0);
            for(String word: sentence.split(" ")) {
                collector.emit(new Values(word));
            }
        }
    }
```

topology 计算完成后，会将计算结果持久化保存。word stream 会先根据"word"字段进行 group 操作，然后每一个 group 使用 Count 聚合器进行持久化聚合。persistentAggregate 方法会把一个聚合的结果保存或者更新到状态源中，在本例中，单词的计数结果保存在内存中，不过也可以很简单地把结果保存到其他的存储类型中，如 Memcached、Cassandra 等持久化存储中去。persistentAggregate 存储的数据就是 stream 输出的所有批聚合的结果。

8.4　Storm 关键技术

Storm 有一个很重要的特性，那就是 Storm API 能够保证它的一个 tuple 能够被完全处理。对于用户来说，可靠性非常重要，Storm 中的可靠性是由 spout 和 bolt 组件共同完成的，因此下面也从 spout 和 bolt 两个方面分别介绍一下 Storm 中的可靠性。

8.4.1　spout 的可靠性

在 Storm 中，消息处理可靠性从 spout 开始的。为了保证数据能被正确地处理，对于 spout 产生的每一个 tuple，Storm 都能够进行跟踪。这里面涉及 ack/fail 的处理，如果一个 tuple 被处理成功，那么 spout 便会调用其 ack 方法，如果失败，则会调用 fail 方法。而 topology 中处理 tuple 的每一个 bolt 都会通过 OutputCollector 来告知 Storm 当前 bolt 处理是否成功。

我们知道 spout 必须能够追踪它发射的所有 tuple 或其子 tuple，并且在这些 tuple 处理失败时能够重发。那么 spout 如何追踪 tuple 呢？ Storm 是通过一个简单的 anchor 机制来实现的（在后面的 bolt 可靠性中会讲到）。

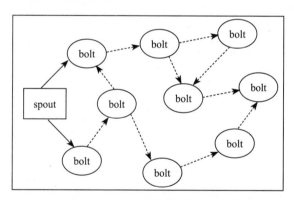

图 8-7　Storm 可靠性 tuple tree

图 8-7 所示为 Storm 的 tuple tree，实线代表的是 spout 发射的根 tuple，而虚线代表的就是来源于根 tuple 的子 tuple。这就是一个 tuple tree。其中的所有 bolt 都会 ack 或 fail 一个 tuple，如果 tree 中的所有 bolt 都 ack 了经过它的 tuple，那么 spout 的 ack 方法就会被调用，表示整个消息被处理完成。如果 tree 中的任何一个 bolt fail 一个 tuple，或者整个处理过程超时，则 spout 的 fail 方法便会被调用。

此外，Storm 只是通过 ack/fail 机制来告诉应用方 bolt 中间的处理情况，对于成功 / 失败该如何处理，必须由应用自己来决定，因为 Storm 内部没有保存失败的具体数据，但是也有办法知道失败记录，因为 spout 的 ack/fail 方法会附带一个 msgId 对象，我们可以在最初发射 tuple 的时候将 msgId 设置为 tuple，然后在 ack/fail 中对该 tuple 进行处理。这里其实有个问题，就是每个 bolt 执行完之后要显式地调用 ack/fail，否则会出现 tuple 不释放导致内存溢出（Out of Memory，OOM）。Storm 的 ISpout 接口定义了三个与可靠性有关的方法：nextTuple、ack 和 fail。

```
public interface ISpout extends Serializable {
        void open( Map conf, TopologyContext context, SpoutOutputCollector
collector);
        void close();
        void nextTuple();
        void ack(Object msgId);
        void fail(Object msgId);
    }
```

我们知道，当 Storm 的 spout 发射一个 tuple 后，它便会调用 nextTuple() 方法，在这个过程中，保证可靠性处理的第一步就是为发射出的 tuple 分配唯一的 ID，并把这个 ID 传给 emit() 方法：

```
collector.emit( new Values("value1" , "value2") , msgId );
```

为 tuple 分配唯一 ID 的目的就是为了告诉 Storm，spout 希望这个 tuple 产生的 tuple tree 在处理完成或失败后告知它，如果 tuple 被处理成功，spout 的 ack() 方法就会被调用，如果处理失败，spout 的 fail() 方法就会被调用，tuple 的 ID 也都会传入这两个方法中。

需要注意的是，虽然 spout 有可靠性机制，但这个机制是否启用是由应用控制的。IBasicBolt 在 emit 一个 tuple 后自动调用 ack() 方法，用来实现比较简单的计算。如果是 IRichBolt，如果想要实现 anchor，必须自己调用 ack 方法。

8.4.2 bolt 的可靠性

bolt 中的可靠性主要靠两步来实现：发射衍生 tuple 的同时 anchor 原 tuple ；对各个 tuples 做 ack 或 fail 处理。

anchor 一个 tuple 就意味着在输入 tuple 和其衍生 tuple 之间建立了关联，关联之后的 tuple 便加入了 tuple tree。可以通过如下方式 anchor 一个 tuple：

```
collector.emit( tuple, new Values( word));
```

如果发射新 tuple 的时候不同时发射原 tuple，那么新发射的 tuple 不会参与到整个可靠性机制中，它们的 fail 不会引起 root tuple 的重发，这称为 unanchor：

```
collector.emit( new Values( word));
```

ack 和 fail 一个 tuple 的操作方法：

```
this.collector.ack(tuple);
this.collector.fail(tuple);
```

如上所述，IBasicBolt 实现类不关心 ack/fail，spout 的 ack/fail 完全由后面 bolt 的 ack/

fail 来决定。其 execute 方法的 BasicOutputCollector 参数也没有提供 ack/fail 方法以供调用，相当于忽略了该 bolt 的 ack/fail 行为。

在 IRichBolt 实现类中，如果 OutputCollector.emit(oldTuple,newTuple) 这样调用来发射 tuple（anchoring），那么后面 bolt 的 ack/fail 会影响 spout ack/fail。如果 collector.emit (newTuple) 这样来发射 tuple（在 storm 称之为 anchoring），则相当于断开了后面 bolt 的 ack/fail 对 spout 的影响。spout 将立即根据当前 bolt 前面的 ack/fail 的情况来决定调用 spout 的 ack/fail。所以不必关注某个 bolt 后面的 bolt 的成功与否，可以直接通过这种方式来忽略。中间的某个 bolt fail 了，不会影响后面的 bolt 执行，但是会立即触发 spout 的 fail——相当于短路，后面 bolt 虽然也执行了，但是 ack/fail 对 spout 已经无意义了。也就是说，只要 bolt 集合中的任何一个 fail 了，会立即触发 spout 的 fail 方法。而 ack 方法需要所有 bolt 调用为 ack 才能触发。所以 IBasicBolt 用来做 filter 或者简单的计算比较合适。

Storm 的可靠性是由 spout 和 bolt 共同决定的，Storm 利用 anchor 机制来保证处理的可靠性。如果 spout 发射的一个 tuple 被完全处理，则其 ack 方法即会被调用；如果失败，则其 fail 方法便会被调用。在 bolt 中，通过在 emit（oldTuple，newTuple）的方式来 anchor 一个 tuple。如果处理成功，则需要调用 bolt 的 ack 方法；如果失败，则调用其 fail 方法。一个 tuple 及其子 tuple 共同构成了一个 tuple tree，当这个 tree 中的所有 tuple 在指定时间内都完成时，spout 的 ack 才会被调用，但是当 tree 中任何一个 tuple 失败时，spout 的 fail 方法则会被调用。

8.4.3　Storm 反压机制

首先介绍流计算中反压（back pressure）的概念。所谓流计算中的反压，指的是流计算 job（比如 Storm 中的一个拓扑）处理数据的速度小于数据流入的速度时的处理机制，通常来说，反压出现的时候，数据会迅速累积，如果处理不当，会导致资源耗尽甚至任务崩溃。反压通常是由于源头数据量突然急剧增加所导致的，比如电商的大促、节日活动等。

好的流计算反压机制不会引起资源耗尽或者任务崩溃等情况，反而会以最大的吞吐能力度过流量的高峰时段。当然，实际的项目开发中，应该对业务的高峰期有预先的准备机制，比如在流量高峰前进行压测，确保并发配置能够处理业务的高峰期。

早期的 Storm 版本，对于开启了 acker 机制的 Storm 程序，可以通过设置 conf.setMax-SpoutPending 参数来实现反压效果，如果下游组件（bolt）的处理速度跟不上导致 spout 发送的 tuple 没有及时确认的数据超过了参数设定的值，spout 会停止发送数据。这种方式的缺点是很难调优 conf.setMaxSpoutPending 参数的设置以达到最好的反压效果——设小了会导致吞吐上不去，设大了会导致 worker OOM，从而导致数据有震荡，数据流就会处于一个颠簸状态，效果不如逐级反压。另外，此机制对于关闭 acker 机制的程序是无效的。

新的 Storm 自动反压机制（Automatic Back Pressure）通过监控 bolt 中的接收队列的情况来实现，当超过高水位值时，专门的线程会将反压信息写到 ZooKeeper，ZooKeeper 上的

watch 会通知该拓扑的所有 worker 都进入反压状态，最后 spout 降低 tuple 发送的速度。

8.5 本章小结

在大数据时代，时效性变得越重要，因此本章主要介绍了分布式流计算最早流行的 Storm 技术。由于 Storm 本身的局限性，如吞吐能力、状态管理、容错性等，越来越多的公司已经转向下一代的流计算技术，比如 Storm 的开源者 Twitter 就另起炉灶、完全转向其下一代流计算引擎 Heron。实际上，国内、国外的大公司也都在转向下一代的流计算技术，比如 Flink 等。但是作为第一代的流计算技术，Storm 的基本概念、架构、并发设置、API 实际上仍然被后续的流计算技术所广泛采纳。

具体章节方面，本章首先介绍了 Storm 的主要特点和架构，然后介绍了其主要概念，包括 topology（拓扑）、spout（喷头）、bolt（螺栓）、tuple（元组）、stream（流）和 stream grouping（流分组）等。在 Storm 基础部分，本章还介绍了 Storm 并发的有关概念，包括 worker、executor 和 task 等。

了解一门技术最直观的途径是实例，因此本章第二部分主要以单词计数为例子，深入介绍上述的基本概念，包括其并发设置等。

本章还介绍了 Storm 的高级原语 Trident，包括其引入背景、技术思路、主要流操作 API 以及一个简单的实例等。最后本章还介绍了 Storm 的可靠性、反压机制等高级技术。

Spark Streaming 流计算开发

Storm 以及离线数据平台部分介绍的 MapReduce 和 Hive 构成了 Hadoop 生态对实时和离线数据处理的一套完整数据处理解决方案。但实际上除了此套解决方案之外，还有一种非常流行的而且完整的离线和实时数据处理方案。

这种方案就是 Spark。Spark 本质上是对于 Hadoop 特别是 MapReduce 的补充、优化和完善，尤其在数据处理速度、易用性、迭代计算和复杂数据分析等方面。

Spark Streaming 作为 Spark 整体解决方案中的实时数据处理部分，本质上仍然是基于 Spark 的弹性分布式数据集（RDD）概念。Spark Streaming 将源头数据划分为很小的批，并以类似于离线批的方式来处理这部分微批数据。

相比于 Storm 这种原生的实时处理框架，Spark Streaming 基于微批的方案带来了吞吐量的提升，但是也导致了数据处理延迟的增加——基于 Spark Streaming 的实时数据处理方案的数据延迟通常在秒级甚至分钟级。

本章将重点介绍基于 Spark Streaming 的实时数据处理方案。

首先本章将介绍 Spark 的基本概念、架构和原理等，因为 Spark Streaming 和 Spark Core 是密不可分的，所以本章首先对 Spark 的基本概念尤其是 RDD 进行介绍，然后再重点介绍 Spark Streaming 的概念、架构和原理等，最后会结合实际的例子来介绍 Spark Streaming 的 API 以及 Spark Streaming 的高级技术，如可靠性、性能优化、反压机制等。

9.1 Spark 生态和核心概念

9.1.1 Spark 概览

Spark 诞生于美国伯克利大学的 AMPLab（该 Lab 既是实验室也是孵化器，资源管理的

Mesos 也是该 Lab 孵化的）。Spark 最初属于伯克利大学的研究性项目，于 2010 年正式开源，于 2013 年成为 Apache 基金项目，并于 2014 年成为 Apache 基金的顶级项目。

Spark 用了不到 5 年的时间就成了 Apache 的顶级项目，目前已经被国内外的众多互联网公司使用，包括 Amazon、Ebay、淘宝、腾讯等。

Spark 的流行和它解决了 Hadoop 的很多不足密不可分。

传统 Hadoop 基于 MapReduce 的方案适用于大多数的离线批处理场景，但是对于实时查询、迭代计算等场景非常不合适，这是由其内在局限决定的。

❏ MapReduce 只提供 Map 和 Reduce 两个操作，抽象程度低，但是复杂的计算通常需要很多操作，而且操作之间有复杂的依赖关系。

❏ MapReduce 的中间处理结果是放在 HDFS 文件系统中的，每次的落地和读取都消耗大量的时间和资源。

❏ 当然，MapReduce 也不支持高级数据处理 API、DAG（有向无环图）计算、迭代计算等。

Spark 则较好地解决了上述这些问题。

❏ Spark 通过引入弹性分布式数据集（RDD）以及 RDD 丰富的动作操作 API，非常好地支持了 DAG 计算和迭代计算。

❏ Spark 通过内存计算和缓存数据非常好地支持了迭代计算和 DAG 计算的数据共享，减少了数据读取的 IO 开销，大大提高了数据处理速度。

❏ Spark 为批处理（Spark Core）、流式处理（Spark Streaming）、交互分析（Spark SQL）、机器学习（MLLib）和图计算（GraphX）提供了一个统一的平台和 API，非常便于使用。

除此之外，Spark 具有如下优点。

❏ **Spark 非常容易使用：** Spark 支持 Java、Python 和 Scala 的 API，还支持超过 80 种高级算法，使得用户可以快速构建不同的应用。Spark 支持交互式的 Python 和 Scala 的 shell，这意味着可以非常方便地在这些 shell 中使用 Spark 集群来验证解决问题的方法，而不是像以前一样，需要打包、上传集群、验证等——对于原型开发尤其必要。

❏ **Spark 可以非常方便地与其他的开源产品进行融合：** 比如，Spark 可以使用 Hadoop 的 YARN 和 Apache Mesos 作为它的资源管理和调度器，并且可以处理所有 Hadoop 支持的数据，包括 HDFS、HBase 和 Cassandra 等。这对于已经部署 Hadoop 集群的用户特别重要，因为不需要做任何数据迁移就可以使用 Spark 强大的处理能力。Spark 也可以不依赖于第三方的资源管理器和调度器，它实现了 Standalone 作为其内置的资源管理和调度框架，这样进一步降低了 Spark 的使用门槛，使所有人都可以非常容易地部署和使用 Spark。此外，Spark 还提供了在 EC2 上部署 Standalone 的 Spark 集群的工具。

❑ **External Data Source 多数据源支持：**Spark 可以独立运行，除了可以运行在当下的 Yarn 集群管理之外，它还可以读取已有的任何 Hadoop 数据。它可以运行多种数据源，比如 Parquet、Hive、HBase、HDFS 等。这个特性让用户可以轻易迁移已有的持久化层数据。

Spark 的这些优点完美地契合了目前互联网公司对于大数据即时分析、效果分析的场景，因此一经推出便受到开源社区的广泛关注和好评，并成为目前大数据处理领域非常热门的开源项目。

9.1.2　Spark 核心概念

RDD 是 Spark 中最为核心和重要的概念。RDD，全称为 Resilient Distributed Dataset，在 Spark 官方文档中被称为"一个可并行操作的有容错机制的数据集合"，这个听起来有点抽象。实际上，RDD 就是一个数据集，而且是分布式的，也就是可分布在不同的机器上，同时 Spark 还对这个分布式数据集提供了丰富的数据操作以及容错性等。

完全理解 RDD 需要从不同角度进行，因此下面从 RDD 创建、RDD 操作、RDD 持久性等方面来重点介绍 RDD，其中 Spark 操作是实际工作中使用最为频繁的，因此读者应重点了解和熟悉。

1. RDD 创建

Spark 中创建 RDD 最直接的办法是调用 SparkContext（SparkContext 是 Spark 集群环境的访问入口，Spark Streaming 也有自己对应的对象 StreamContext，后文会予以介绍）的 parallelize 方法，具体步骤如下：

```
List<Integer> data = Arrays.asList(1, 2, 3, 4, 5);
JavaRDD<Integer> distData = sc.parallelize(data);
```

上述代码会将数据集合（data）转换为这个分布式数据集（distData），之后就可以对此 RDD 执行各种转换等，比如调用 distData.reduce（（a，b）=> a + b）将这个数组中的元素相加，此外还可以通过设置 parallelize 的第二个参数手动设置生成 RDD 的分区数：sc.parallelize（data，10），如果不设定的话，Spark 会自动指定。

但是在实际项目中，RDD 一般是从源头数据创建的。Spark 支持从任何一个 Hadoop 支持的存储源头数据创建 RDD，包括本地文件系统、HDFS、Cassandra、HBase、Amazon S3 等。另外，Spark 也支持从文本文件（text file）、SequenceFiles 和其他 Hadoop InputFormat 的格式文件中创建 RDD。创建的方法也很简单，只需指定源头文件并调用对应的方法即可。

```
JavaRDD<String> distFile = sc.textFile("data.txt");
```

如上面调用 SparkContext 的 textFile 方法将 data.txt 文本文件转换为 RDD，后续就可以对此 RDD 执行各种需要的 RDD 操作。

Spark 中转换 SequenceFiles 的 SparkContext 方法是 sequenceFile，转换 Hadoop Input-Formats 的 SparkContext 方法是 HadoopRDD，请读者参考相应的 Spark 文档，在此不做过多展开。

2. RDD 操作

RDD 操作是实际项目开发中使用最多、最频繁的 Spark API，后续将要介绍的 Spark Streaming DStreams API 很多和 RDD 也非常类似，下面做详细介绍。

在进入具体的 RDD 操作介绍之前，首先介绍 RDD 的操作分类。RDD 操作分为转换（transformation）和行动（action），transformation 是根据原有的 RDD 创建一个新的 RDD，action 则把 RDD 操作后的结果返回给 driver。例如 map 是一个转换，它把数据集中的每个元素经过一个方法处理后返回一个新的 RDD，reduce 则是一个 action，它收集 RDD 的所有数据后经过一些方法的处理，最后把结果返回给 driver。

Spark 对 transformation 的抽象可以大大提高性能，这是因为在 Spark 中，所有 transformation 操作都是 lazy 模式，即 Spark 不会立刻计算结果，而只是简单地记住所有对数据集的转换操作逻辑。这些转换只有遇到 action 操作的时候才会开始计算。这样的设计使得 Spark 更加高效，例如可以通过 map 创建一个新数据集在 reduce 中使用，并且仅仅返回 reduce 的结果给 driver，而不是整个大的 map 过的数据集。

用一个小例子来更具体地说明上述的概念。考虑下面的简单程序：

```
val lines = sc.textFile("data.txt")
val lineLengths = lines.map(s => s.length)
val totalLength = lineLengths.reduce((a, b) => a + b)
```

第一行代码定义了一个来自于外部文件（data.txt）的 RDD（即 lines）。这个数据集并没有加载到内存或做其他的操作（lines 仅仅是一个指向文件的指针）；第二行代码定义 lineLengths，它是一个 map transformation 的结果。同样，lineLengths 由于 lazy 模式也没有立即计算。最后，我们执行 reduce，它是一个 action，此时 Spark 才把计算分成多个 task，并且让它们运行在多个机器上，每台机器都运行自己的 map 部分和 reduce 部分，然后仅仅将结果返回给驱动程序。

表 9-1 列出了 Spark 支持的一些常用转换，更详细内容请参阅 RDD API 文档的 PairRDDFunctions 文档。

表 9-1 Spark 支持的一些常用转换

转换操作	含义
map（func）	返回一个新的分布式数据集（distributed dataset），它由每个数据源（source）中的元素应用一个函数 func 来生成
filter（func）	返回一个新的分布式数据集（distributed dataset），它由每个数据源（source）中应用一个函数 func 且返回值为 true 的元素来生成
flatMap（func）	与 map 类似，但是每一个输入的 item 可以被映射成 0 个或多个输出的 items（所以 func 应该返回一个 Seq 而不是一个单独的 item）

（续）

转换操作	含义
mapPartitions（func）	与 map 类似，但是单独运行在每个 RDD 的分区（partition，block）上，所以在一个类型为 T 的 RDD 上运行时 func 必须是 Iterator<T> => Iterator<U> 类型
mapPartitionsWithIndex(func)	与 mapPartitions 类似，但是也需要提供一个代表 partition 的索引（index）的整型值（interger value）作为参数的 func，所以在一个类型为 T 的 RDD 上运行时 func 必须是（Int,Iterator<T>）=>Iterator<U> 类型
sample（withReplacement, fraction, seed）	采样数据，设置是否放回（withReplacement），采样的百分比（fraction）、使用指定的随机数生成器的种子（seed）
union（otherDataset）	返回一个新的 dataset，它包含了源数据集（source dataset）和其他数据集（other Dataset）的并集
intersection（otherDataset）	返回一个新的 RDD，它包含了源数据集（source dataset）和其他数据集（other Dataset）的交集
distinct（[numTasks]））	返回一个新的 dataset，它包含了源数据集（source dataset）中去重的元素
groupByKey（[numTasks]）	在一个（K,V）对的 dataset 上调用时，返回一个（K, Iterable<V>） 注意：①如果分组是为了在每一个 key 上执行聚合操作（例如 sum 或 average），此时使用 reduceByKey 或 aggregateByKey 来计算性能会更好。②默认情况下，并行度取决于父 RDD 的分区数。可以传递一个可选的 numTasks 参数来设置不同的任务数
reduceByKey（func, [numTasks]）	在 (K,V)pairs 的 dataset 上调用时，返回 dataset of（K,V）对的 dataset，其中的 values 是针对每个 key 使用给定的函数 func 来进行聚合的，它必须是 type (V,V)=> V 的类型。像 groupByKey 一样，reduce tasks 的数量是可以通过第二个可选的参数来配置的
aggregateByKey（zeroValue）(seqOp, combOp, [numTasks])	在（K,V）pairs 的 dataset 上调用时，返回（K,V）对的 dataset，其中的 values 是针对每个 key 使用给定的 combine 函数以及一个 neutral "0" 值来进行聚合的。允许聚合值的类型与输入值的类型不一样，同时避免不必要的配置。像 groupByKey 一样，reduce tasks 的数量是可以通过第二个可选的参数来配置的
sortByKey（[ascending], [numTasks]）	在一个（K,V）对的 dataset 上调用时，其中的 K 实现了 Ordered，返回一个按 keys 升序或降序的（K,V）对的 dataset，由 boolean 类型的 ascending 参数来指定
join(otherDataset, [numTasks])	在一个（K,V）和（K,W）类型的 dataset 上调用时，返回一个（K,（V, W））对的 dataset，它拥有每个 key 中所有的元素对。Outer joins 可以通过 leftOuterJoin、rightOuterJoin 和 fullOuterJoin 来实现
cogroup（otherDataset, [numTasks]）	在一个（K, V）的 dataset 上调用时，返回一个（K,（Iterable<V>, Iterable<W>））tuples 的 dataset。这个操作也调用了 groupWith
cartesian（otherDataset）	在一个 T 和 U 类型的 dataset 上调用时，返回一个（T, U）pairs 类型的 dataset（所有元素的 pairs，即笛卡儿积）
pipe（command, [envVars]）	通过使用 shell 命令来将每个 RDD 的分区给 Pipe，例如，一个 Perl 或 bash 脚本。RDD 的元素会被写入进程的标准输入（stdin），并且 lines（行）输出到它的标准输出（stdout）被作为一个字符串型 RDD 的 string 返回
coalesce（numPartitions）	降低（decrease）RDD 中分区（partition）的数量为 numPartitions。对于执行过滤后一个大的 dataset 操作是更有效的
repartition（numPartitions）	重新洗牌（reshuffle）RDD 中的数据以创建或者更多的分区（partition）并将每个分区中的数据尽量保持均匀。该操作总是通过网络来 shuffles 所有数据

同样，Spark 支持的常用动作见表 9-2。

表 9-2 Spark 支持的常用动作

动作	含义
reduce（func）	使用函数 func 聚合 dataset 中的元素，这个函数 func 的输入为两个元素，返回为一个元素。这个函数应该是可交换（commutative）和关联（associative）的，这样才能保证它可以被并行地正确计算
collect()	在 driver 程序中，以一个 array 数组的形式返回 dataset 的所有元素。这对于在过滤器（filter）或其他操作（other operation）之后返回足够小（sufficiently small）的数据子集通常是有用的
count()	返回 dataset 中元素的个数
first()	返回 dataset 中的第一个元素（类似于 take(1)）
take（n）	将数据集中的前 n 个元素作为一个 array 数组返回
takeSample(withReplacement, num, [seed])	对一个 dataset 进行随机抽样，返回一个包含 num 个随机抽样（random sample）元素的数组。参数 withReplacement 用于指定是否有放回抽样，参数 seed 用于指定生成随机数的种子
takeOrdered（n, [ordering]）	返回 RDD 按自然顺序（natural order）或自定义比较器（custom comparator）排序后的前 n 个元素
saveAsTextFile（path）	将 dataset 中的元素以文本文件（或文本文件集合）的形式写入本地文件系统、HDFS 或其他 Hadoop 支持的文件系统的给定目录中。Spark 将对每个元素调用 toString 方法，将数据元素转换为文本文件中的一行记录
saveAsSequenceFile（path）（Java and Scala）	将 dataset 中的元素以 Hadoop SequenceFile 的形式写入本地文件系统、HDFS 或其他 Hadoop 支持的文件系统指定的路径中。该操作可以在实现了 Hadoop 的 Writable 接口的键值对（key-value pairs）的 RDD 上使用。在 Scala 中，它还可以隐式转换为 Writable 的类型（Spark 包括了基本类型的转换，如 Int、Double、String 等）
saveAsObjectFile（path）（Java and Scala）	使用 Java 序列化（serialization）以简单的格式（simple format）编写数据集的元素，然后使用 SparkContext.objectFile() 进行加载
countByKey()	仅适用于（K,V）类型的 RDD。返回具有每个 key 的计数的（K,Int）pairs 的 hashmap
foreach（func）	对 dataset 中每个元素运行函数 func。这通常用于副作用（side effect），例如更新一个累加器（accumulator）或与外部存储系统（external storage systems）进行交互

3. RDD 持久化

Spark 最重要的一个功能是它可以通过各种操作（operation）持久化（或者缓存）一个集合到内存中。当持久化一个 RDD 的时候，每一个节点都将参与计算的所有分区数据存储到内存中，并且这些数据可以被这个集合（以及这个集合衍生的其他集合）的动作重复利用。这个能力使后续的动作速度更快（通常快 10 倍以上）。对应迭代算法和快速的交互使用来说，缓存是一个关键的工具。

可以通过 persist() 或者 cache() 方法持久化一个 RDD。先在 action 中计算得到 RDD，然后将其保存在每个节点的内存中。Spark 的缓存是一个容错的技术，也就是说，如果 RDD 的任何一个分区丢失，它可以通过原有的转换（transformation）操作自动重复计算并且创建出这个分区。

此外，可以利用不同的存储级别存储每一个被持久化的 RDD。例如，它允许持久化集合到磁盘上、将集合作为序列化的 Java 对象持久化到内存中、在节点间复制集合或者存储集合到 Tachyon 中。可以通过传递一个 StorageLevel 对象给 persist() 方法设置这些存储级别。cache() 方法使用了默认的存储级别——StorageLevel.MEMORY_ONLY。

9.1.3　Spark 生态圈

Spark 建立在统一抽象的 RDD 之上，使得它可以以基本一致的方式应对不同的大数据处理场景，包括批处理、流处理、SQL、Machine Learning 以及 Graph 等，这就是 Spark 设计的“通用的编程抽象”（Unified Programming Abstraction），也正是 Spark 独特的地方。

Spark 生态圈包含了 Spark Core、Spark SQL、Spark Streaming、MLLib 和 GraphX 等组件，如图 9-1 所示，其中 Spark Core 提供内存计算框架、SparkStreaming 提供实时处理应用、Spark SQL 提供即席查询，再加上 MLlib 的机器学习和 GraphX 的图处理，它们能够无缝地集成并提供 Spark 一站式的大数据解决平台和生态圈。

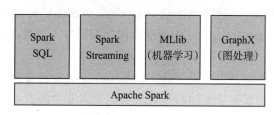

图 9-1　Spark 生态圈

下面逐一简要介绍上述生态圈技术。

- ❑ **Spark Core**：Spark Core 实现了 Spark 的基本功能，包括任务调度、内存管理、错误恢复、与存储系统交互等模块。Spark Core 中还包含了 RDD 的 API 定义，并提供创建和操作 RDD 的丰富 API。Spark Core 是 Spark 其他组件的基础和根本。
- ❑ **Spark Streaming**：Spark Streaming 是 Spark 提供的对实时数据进行流计算的组件，提供了用来操作数据流的 API，并且与 Spark Core 中的 RDD API 高度对应。Spark Streaming 支持与 Spark Core 同级别的容错性、吞吐量以及可伸缩性。
- ❑ **Spark SQL**：Spark SQL 是 Spark 用来操作结构化数据的程序包，通过 Spark SQL，可以使用 SQL 或者类 SQL 语言来查询数据；同时 Spark SQL 支持多种数据源，比如 Hive 表、Parquet 以及 JSON 等，除了为 Spark 提供了一个 SQL 接口，Spark SQL 还支持开发者将 SQL 和传统的 RDD 编程的数据操作方式相结合，不论是使用 Python、Java 还是 Scala，开发者都可以在单个的应用中同时使用 SQL 和复杂的数据分析。
- ❑ **MLLib**：Spark 中提供的常见机器学习（Machine Learning）功能的程序库，叫作 MLLib，MLlib 提供了很多种机器学习算法，包括分类、回归、聚类、协同过滤等，还提供了模型评估、数据导入等额外的支持功能，此外 MLLib 还提供了一些更底层的机器学习原语，包括一个通用的梯度下降优化算法，所有这些方法都被设计为可以在集群上轻松伸缩的架构。

❏ GraphX：GraphX 是用来操作图（如社交网络的朋友圈）的程序库，可以进行并行的图计算。与 Spark Streaming 和 Spark SQL 类似，GraphX 也扩展了 Spark 的 RDD API，能用来创建一个顶点和边都包含任意属性的有向图。GraphX 还支持针对图的各种操作（如进行图分割的 subgraph 和操作所有顶点的 mapVertices），以及一些常用图算法（如 PageRank 和三角计数）。

9.2　Spark 生态的流计算技术：Spark Streaming

Spark Streaming 作为 Spark 的核心组件之一，同 Storm 一样，主要对数据进行实时的流处理，但是不同于 Apache Storm（这里指的是原生 Storm，非 Trident），在 Spark Streaming 中数据处理的单位是一批而不是一条，Spark 会等采集的源头数据累积到设置的间隔条件后，对数据进行统一的微批处理。这个间隔是 Spark Streaming 中的核心概念和关键参数，直接决定了 Spark Streaming 作业的数据处理延迟，当然也决定着数据处理的吞吐量和性能。

相对于 Storm 的毫秒级延迟来说，Spark Streaming 的延迟最多只能到几百毫秒，一般是在秒级甚至分钟级，因此对于实时数据处理延迟要求非常高的场合，Spark Streaming 并不合适。

另外，Spark Streaming 底层依赖于 Spark Core 的 RDD 实现，即它和 Spark 框架整体是绑定在一起的，这是优点也是缺点。

对于已经采用 Spark 作为大数据处理框架，同时对数据延迟性要求又不是很高的场合，Spark Streaming 非常适合作为实时流处理的工具和方案，原因如下。

❏ Spark Streaming 内部的实现和调度方式高度依赖于 Spark 的 DAG 调度器和 RDD，Spark Streaming 的离散流（DStream）本质上是 RDD 在流式数据上的抽象，因此熟悉 Spark 和 RDD 概念的用户非常容易理解 Spark Streaming 以及其 DStream。

❏ Spark 上各个组件编程模型基本都是类似的，所以如果熟悉 Spark 的 API，那么对 Spark Streaming 的 API 也非常容易上手和掌握。

但是如果已经采用了其他诸如 Hadoop 和 Storm 的数据处理方案，那么如果使用 Spark Streaming，则面临着 Spark 以及 Spark Streaming 的概念和原理的学习成本。

总体上来说，Spark Streaming 作为 Spark 核心 API 的一个扩展，它对实时流式数据的处理具有可扩展性、高吞吐量、可容错性等特点。

同其他流处理框架一样，Spark Streaming 从 Kafka、Flume、Twitter、ZeroMQ、Kinesis 等源头获取数据，并 map、reduce、join、window 等组成的复杂算法计算出期望的结果，处理后的结果数据可被推送到文件系统、数据库、实时仪表盘中，当然，也可以将处理后的数据应用到 Spark 的机器学习算法、图处理算法中去。

整个的数据处理流程如图 9-2 所示。

图 9-2　Spark Streaming 数据处理流程图

9.2.1　Spark Streaming 基本原理

Spark Streaming 中基本的抽象是离散流（即 DStream）。DStream 代表一个连续的数据流。在 Spark Streaming 内部中，DStream 实际上是由一系列连续的 RDD 组成的。每个 RDD 包含确定时间间隔内的数据，这些离散的 RDD 连在一起，共同组成了对应的 DStream。

图 9-3 更形象地说明了 RDD 和 DStream 的关系。

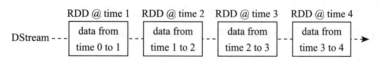

图 9-3　Spark RDD 和 DStream 关系图

所以，实际上，任何对 DStream 的操作都转换成了对 DStream 隐含的一系列对应 RDD 的操作。比如对图 9-3 中对 lines DStreams 的 flatMap 操作，实际上应用于 lines 对应每个 RDD 的操作，并生成了对应的 work DStream 的 RDD。

这也就是上文所说的，Spark Streaming 底层依赖于 Spark Core 的 RDD 实现。从本质上来说，Spark Streaming 只不过是将流式的数据流根据设定的间隔分成了一系列的 RDD，然后在每个 RDD 上应用相应的各种操作和动作，所以 Spark Streaming 底层的运行引擎实际上是 Spark Core。

9.2.2　Spark Streaming 核心 API

Spark Streaming 完整的 API 包含 StreamingContext、DStream 输入、DStream 上的各种操作和动作、DStream 输出等，下面逐一介绍。

1. StreamingContext

为了初始化 Spark Streaming 程序，必须创建一个 StreamingContext 对象，该对象是 Spark Streaming 所有流操作的主要入口。一个 StreamingContext 对象可以用 SparkConf 对

象创建：

```
import org.apache.spark.*;
import org.apache.spark.streaming.api.Java.*;

SparkConf conf = new SparkConf().setAppName(appName).setMaster(master);
JavaStreamingContext ssc = new JavaStreamingContext(conf, new Duration(1000));
```

2. DStream 输入

DStream 输入表示从数据源获取输入数据流的 DStream。每个输入流 DStream 和一个接收器（receiver）对象相关联，这个 Receiver 从源中获取数据，并将数据存入内存中用于处理。

DStream 输入表示从数据源获取的原始数据流。Spark Streaming 拥有两类数据源。

❑ **基本源（basic source）**：在 StreamingContext API 中直接可用的源头，例如文件系统、套接字连接、Akka 的 actor 等。

❑ **高级源（advanced source）**：包括 Kafka、Flume、Kinesis、Twitter 等，它们需要通过额外的类来使用。

3. DStream 的转换

和 RDD 类似，transformation 用来对输入 DStreams 的数据进行转换、修改等各种操作，当然，DStream 也支持很多在 Spark RDD 的 transformation 算子。

Spark Streaming 的常用算子见表 9-3。

表 9-3 Spark Streaming 的常用算子

转换操作	含义
map（func）	利用函数 func 处理原 DStream 的每个元素，返回一个新的 DStream
flatMap（func）	与 map 相似，但是每个输入项可用被映射为 0 个或者多个输出项
filter（func）	返回一个新的 DStream，它仅包含源 DStream 中满足函数 func 的项
repartition（numPartitions）	通过创建更多或者更少的 partition 改变这个 DStream 的并行级别（level of parallelism）
union（otherStream）	返回一个新的 DStream，它包含源 DStream 和 otherStream 的联合元素
count()	通过计算源 DStream 中每个 RDD 的元素数量，返回一个包含单元素（single-element）RDDs 的新 DStream
reduce（func）	利用函数 func 聚集源 DStream 中每个 RDD 的元素，返回一个包含单元素（single-element）RDDs 的新 DStream。函数应该是相关联的，以使计算可以并行化
countByValue()	这个算子应用于元素类型为 K 的 DStream 上，返回一个（K,long）对的新 DStream，每个键的值是在原 DStream 的每个 RDD 中的频率
reduceByKey（func, [numTasks]）	当在一个由（K,V）对组成的 DStream 上调用这个算子，返回一个新的由（K,V）对组成的 DStream，每一个 key 的值均由给定的 reduce 函数聚集起来。注意：在默认情况下，这个算子利用了 Spark 默认的并发任务数去分组。可以用 numTasks 参数设置不同的任务数
join（otherStream, [numTasks]）	当应用于两个 DStream（一个包含（K,V）对，一个包含（K,W）对），返回一个包含（K,（V, W））对的新 DStream

（续）

转换操作	含义
cogroup（otherStream, [numTasks]）	当应用于两个 DStream（一个包含（K,V）对，一个包含（K,W）对），返回一个包含（K, Seq[V], Seq[W]）的元组
transform（func）	通过对源 DStream 的每个 RDD 应用 RDD-to-RDD 函数，创建一个新的 DStream。这个可以在 DStream 中的任何 RDD 操作中使用
updateStateByKey（func）	利用给定的函数更新 DStream 的状态，返回一个新"state"的 DStream

4. DStream 的输出

和 RDD 类似，Spark Streaming 允许将 DStream 转换后的结果发送到数据库、文件系统等外部系统中。目前，定义了 Spark Streamings 的输出操作，见表 9-4。

表 9-4　Spark Streamings 的输出操作

输出操作	含义
print()	在 DStream 的每个批数据中打印前 10 条元素，这个操作在开发和调试中都非常有用。在 Python API 中调用 pprint()
saveAsObjectFiles（prefix, [suffix]）	保存 DStream 的内容为一个序列化的文件 SequenceFile。每一个批间隔的文件的文件名基于 prefix 和 suffix 生成。"prefix-TIME_IN_MS[.suffix]"，在 Python API 中不可用
saveAsTextFiles（prefix, [suffix]）	保存 DStream 的内容为一个文本文件。每一个批间隔的文件的文件名基于 prefix 和 suffix 生成。"prefix-TIME_IN_MS[.suffix]"
saveAsHadoopFiles（prefix, [suffix]）	保存 DStream 的内容为一个 Hadoop 文件。每一个批间隔的文件的文件名基于 prefix 和 suffix 生成。"prefix-TIME_IN_MS[.suffix]"，在 Python API 中不可用
foreachRDD（func）	在从流中生成的每个 RDD 上应用函数 func 的最通用的输出操作。这个函数应该推送每个 RDD 的数据到外部系统，例如保存 RDD 到文件或者通过网络写到数据库中。需要注意的是，func 函数在驱动程序中执行，并且通常都有 RDD action 在里面推动 RDD 流的计算

9.3　Spark Streaming 的实时开发示例

下面仍然选用字符计数这个经典的例子来说明 Spark Streaming（注意：下面用到了 Java 的 lamba 语法，因此读者应先熟悉 lamba 语法。实际上，包括后续介绍的 Flink 以及 Beam 等都会频繁使用 Java8 的 lamba 语法，因此请先理解并掌握）。

首先，导入 Spark Streaming 的相关类至环境中，这些类（如 DStream）提供了流操作很多有用的方法，StreamingContext 是 Spark 所有流操作的主要入口。其次，创建一个具有两个执行线程以及 1 秒批间隔时间（即以秒为单位分割数据流）的本地 StreamingContext。

```
import org.apache.spark.*;
import org.apache.spark.api.Java.function.*;

import org.apache.spark.streaming.*;
import org.apache.spark.streaming.api.Java.*;
```

```
import scala.Tuple2;
```

```
// 创建一个本地的 StreamingContext 上下文对象，该对象包含两个工作线程，批处理间隔为 1 秒
interval of 1 second
SparkConf conf = new SparkConf().setMaster("local[2]").setAppName ("Network-
            WordCount");
JavaStreamingContext jssc = new JavaStreamingContext(conf, Durations.seconds(1));
```

利用这个上下文，能够创建一个 DStream，它表示从 TCP 源（主机位 localhost，端口为 9999）获取的流式数据。

```
// 创建一个连接到 hostname:port 的 DStream 对象，类似 localhost:9999
JavaReceiverInputDStream<String> lines = jssc.socketTextStream("localhost",
                                9999);
```

这个 lines 变量是一个 DStream，表示即将从数据服务器获得的流数据，这个 DStream 的每条记录都代表一行文本。接下来需要将 DStream 中的每行文本都切分为单词。

```
// 将行拆分为单词
JavaDStream<String> words = lines.flatMap(x -> Arrays.asList(x.split(" ")).
                iterator());
```

flatMap 是一个一对多的 DStream 操作，它通过把源 DStream 的每条记录都生成多条新记录来创建一个新的 DStream。在这个例子中，每行文本都被切分成多个单词，我们把切分的单词流用 words 这个 DStream 表示。接下来需要计算单词的个数。

```
// 对每个批处理中的单词计数
JavaPairDStream<String, Integer> pairs = words.mapToPair(s -> new Tuple2<>(s,
                                1));
JavaPairDStream<String, Integer> wordCounts = pairs.reduceByKey((i1, i2) -> i1 +
                                i2);
```

```
// 将每个 RDD 的头 10 个元素打印到终端
wordCounts.print();
```

words 这个 DStream 被 mapper(一对一转换操作) 成了一个新的 DStream，它由（word，1）对组成，然后就可以用这个新的 DStream 计算每批数据的词频，最后用 wordCounts.print() 打印每秒计算的词频。

9.4 Spark Streaming 调优实践

对于 Spark Streaming 线上作业来说，通常业务逻辑的开发只是实时开发的第一步，为了保障作业的高效运作，还必须对任务进行线上调优。

首先需要明确的是调优目标，该作业只需要保证日常的运作就可以了么？相关的业务在某些特殊日子（如大促、节假日）数据量是否会暴涨。同时，大促或者活动的当天数据量

通常来说也是不均匀的，某些时刻的数据量可能会比其他时间段大得多。

可以想象，源头数据量就像河水一样，平时流量可能比较平缓，但是雨季的时候明显加大，同时雨季的洪峰时刻数据量会最大。

实时任务的调优就是明确所要调优的目标，是调优到平常日子就可以了，还是可以应对雨季？还是甚至可以应对雨季的洪峰？

当然，可以将实时作业都调优到甚至洪峰也可以处理，但是这需要占用大量的机器资源。不要忘记，实时任务是一直不停运行的，相对于离线作业运行完相关的资源就会释放来说，其要占用的资源要大得多。所以在实际项目和实时作业调优中，通常会提供两套优化方案，其中一套用于应对日常的流量，而对于大促或者活动等期间的作业，需要进行特殊的优化。

不管是哪种优化，其本质是一样的，Spark Streaming 作业的调优通常都涉及作业开发的优化、并行度的优化和批大小以及内存等资源的优化等，下面逐一介绍。

1. 作业开发优化

❑ **RDD 复用**：对于实时作业，尤其是链路较长的作业，要尽量重复使用 RDD，而不是重复创建多个 RDD。另外，对于需要多次使用的中间 RDD，可以将其持久化，以降低每次都需要重复计算的开销。

❑ **使用效率较高的 shuffle 算子**：如同 Hadoop 中的作业一样，实时作业的 shuffle 操作会涉及数据重新分布，因此会耗费大量的内存、网络和计算等资源，需要尽量降低需要 shuffle 的数据量，reduceByKey/aggregateByKey 相比 groupByKey，会在 map 端先进行预聚合，因此效率较高。

❑ **类似于 Hive 的 MapJoin**：对于实时作业，join 也会涉及数据的重新分布，因此如果是大数据量的 RDD 和小数据量的 RDD 进行 join，可以通过 broadcast 与 map 操作实现类似于 Hive 的 MapJoin，但是需要注意小数量的 RDD 不能过大，不然广播数据的开销也很大。

❑ **其他高效的算子**：如使用 mapPartitions 替代普通 map，使用 foreachPartitions 替代 foreach，使用 repartitionAndSortWithinPartitions 替代 repartition 与 sort 类操作等。

2. 并行度和批大小

对于 Spark Streaming 这种基于微批处理的实时处理框架来说，其调优不外乎两点：

1）尽量缩短每一批次的处理时间。

2）设置合适的 batch size（即每批处理的数据量），使得数据处理的速度能够适配数据流入的速度。

第一点通常以设置源头、处理、输出的并发度来实现，下面对上述优化分别进行介绍。

❑ **源头并发**：如果源头的输入任务是实时作业的瓶颈，那么可以通过加大源头的并发度来提高性能，来保证数据能够流入后续的处理链路。在 Spark Streaming 中，这可以通过如下代码来实现（以 Kafka 源头为例）：

```
int numStreams = 5;
List<JavaPairDStream<String, String>> kafkaStreams = new ArrayList<>(numStreams);
for (int i = 0; i < numStreams; i++) {
    kafkaStreams.add(KafkaUtils.createStream(...));
}
JavaPairDStream<String, String> unifiedStream = streamingContext.union (kafka-
Streams.get(0), kafkaStreams.subList(1, kafkaStreams.size()));
```

❑ **处理并发**：处理任务的并发决定了实际作业执行的物理视图。Spark Streaming 作业的默认并发度可以通过 spark.default.parallelism 来设置，但是实际中不推荐，建议针对每个任务单独设置并发度进行精细控制。

❑ **输出并发**：如同 Hadoop 中作业一样，实时作业的 shuffle 操作会涉及数据重新分布，因此会耗费大量的内存、网络和计算等资源，因此需要尽量减少 shuffle 操。

❑ **batch size**：batch size 主要影响系统的吞吐量和延迟。batch size 太小，一般处理延迟会降低，但是系统吞吐量会下降；batch size 太大，吞吐量上去了，但是处理延迟会降低，同时要求的内存也会增加，因此实际中需要找到一个平衡点，既能满足吞吐量也能满足延迟的要求。那么实际中如何设置 batch 大小呢？项目实践中一般先设置一个经验值，然后观察批处理耗时和端到端延迟。如果批处理耗时始终很低，但是端到端延迟较大，说明 batch size 设小了；如果批处理耗时也大而且端到端延迟也大，说明任务的并发度不够，需要增加输入、处理的并发度。

3. 数据倾斜

Spark Streaming 的数据倾斜一般发生在 Shuffle 阶段，如同 Hadoop 一样，其发生的原因很简单，即在 shuffle 阶段，某个任务被分配到的数据量远远大于其他任务，在实际任务 UI 监控页面常可以看到，其他任务早早完成，但是此任务经常要花很长时间才能完成甚至一直 hang 着不动，而且有时候此任务经常还会出现内存溢出的现象。

Spark Streaming 中的数据倾斜一般通过对 shuffle key "加盐"（即 add salt）优化，即首先随机分配 shuffle 的 key，然后再进行 shuffle 操作（具体伪代码请参考流计算 SQL 部分）。

9.5 Spark Streaming 关键技术

9.5.1 Spark Streaming 可靠性语义

首先回顾一下流计算可靠性的语义。

❑ **at most once**：保证每个消息会被投递 0 次或者 1 次，在这种机制下消息很有可能会丢失。

❑ **at least once**：保证每个消息会被默认投递多次，至少保证有一次被成功接收，信息可能有重复，但是不会丢失。

❑ exactly once：意味着每个消息对于接收者而言正好被接收一次，保证即不会丢失也不会重复。

我们谈论流计算的可靠性语义时，实际隐含了对流计算三个环节的可靠性语义：数据输入、数据处理和数据输出。下面也按照这三个流计算的主要步骤来介绍 Spark Streaming 的可靠性语义。

对于数据输入，Spark Streaming 的可靠性取决于源头系统的可靠性，比如从 HDFS 等支持容错的文件系统中读取数据，直接支持 exactly once 语义。对于基于 receiver 接收器的源头，借助于 Spark Streaming 的 WAL（Write Ahead Log），Spark Streaming 能提供 at least once 的语义；对于 Kafka 源头，借助于 Spark 1.3 中引入的 Kafka Direct 的 API，Spark Streaming 能提供 exactly once 语义。

对于数据处理，Spark Streaming 可以天然获得 exactly once 语义，这是因为 Spark 的 DStream 自身就是一系列离散的 RDD，而 RDD 本身就是一种具备容错性、不变性以及计算确定性的数据结构，因此只要数据来源是可用的，且处理过程中没有副作用，Spark Streaming 将得到相同的计算结果。

对于数据输出，Spark Streaming 默认提供 at least once 语义，如果要确保 exactly once 语义，则需要借助外部存储支持幂等更新和事务更新。幂等更新意味着多次写入的结果是一样的，事务更新类似于 Trident 中的可靠性介绍，这里不再赘述。

9.5.2　Spark Streaming 反压机制

默认情况下，Spark Streaming 通过 receiver 以生产者生产数据的速率接收数据，计算过程中会出现批处理时间大于批间隔的情况，其中批处理时间为实际计算一个批次花费的时间，批间隔为 Streaming 应用设置的批处理间隔。这意味着 Spark Streaming 的数据接收速率高于 Spark 从队列中移除数据的速率，即数据处理能力低，在设置间隔内不能完全处理当前接收速率接收的数据。如果这种情况持续过长的时间，会造成数据在内存中堆积，导致 receiver 所在 executor 内存溢出等问题（如果设置 StorageLevel 包含 disk，则内存存放不下的数据会溢写至 disk，加大延迟）。在 Spark 1.5 以前的版本中，用户如果要限制 Receiver 的数据接收速率，可以通过设置静态配制参数 "spark.streaming.receiver.maxRate" 的值来实现。此举虽然可以通过限制接收速率来适配当前的处理能力、防止内存溢出，但也会引入其他问题。比如：producer 数据生产高于 maxRate，当前集群处理能力也高于 maxRate，这就会造成资源利用率下降等问题。为了更好地协调数据接收速率与资源处理能力，Spark Streaming 从 v1.5 开始引入动态反压机制，通过动态控制数据接收速率来适配集群数据处理能力。

Spark 动态反压机制根据 JobScheduler 反馈作业的执行信息来动态调整 receiver 数据接收率。可以通过属性 "spark.streaming.backpressure.enabled" 来控制是否启用 backpressure 机制，若默认值 false，则为不启用。

9.6 本章小结

本章主要介绍 Spark 生态对于流式数据处理的解决方案 Spark Streaming。

由于 Spark Streaming 完全基于 Spark Core，因此本章首先简要介绍 Spark 及其核心概念 Spark RDD。RDD 实际上就是一个分布式的数据集，在后续介绍的 Flink 以及 Beam 等技术上实际上也有类似的概念，比如 Beam 中称之为 PCollections。

本章还简要介绍了 Spark 生态圈的其他技术，如提供即席查询的 Spark SQL、机器学习的 MLlib 和图处理的 GraphX 等。

本章最后重点介绍了 Spark Streaming，包括其基本原理介绍、基本 API、可靠性、性能调优、数据倾斜、反压机制等，并给出了 Spark Streaming 的单词计数的实例代码。

Flink 流计算开发

Storm 延迟低但是吞吐量小，Spark Streaming 吞吐量大但是延迟高，那么是否有一种兼具低延迟和高吞吐量特点的流计算技术呢？答案是有的，就是 Flink。

除此之外，Flink 还是在一套框架中同时支持批处理和流处理的一个计算平台，也就是说，它能够基于同一个 Flink 运行时（Flink Runtime）同时提供支持流处理和批处理两种类型应用的功能。

当然，这不是 Flink 的首创，正如第 9 章所介绍的，Spark 也可以，但是 Flink 和 Spark 有着本质的不同，Spark 把 Stream 流作更快的批处理，而 Flink 把批处理看作 Stream 流的特例，这个根本不同也决定了 Spark 和 Flink 技术的诸多差异。

实际上，Flink 于 2008 年作为柏林理工大学的一个研究性项目诞生，但是直到 2015 年以后才开始逐步得到认可和接受，这和其自身的技术特点契合了大数据对低实时延迟、高吞吐、容错、可靠性、灵活的窗口操作以及状态管理等显著特性分不开，当然也和实时数据越来越得到重视分不开。目前很多人将 Flink 看作下一代的流计算平台，国内外的很多公司也都将 Flink 选型为下一代的流计算平台，Google 也把 Flink Runner 作为 Beam 的首选引擎之一。

本章将集中重点介绍 Flink 技术。首先本章将对 Flink 技术做概要性的介绍，然后重点介绍其概念、原理和 API，并结合实例进行具体介绍，最后介绍 Flink 的高级技术，包括容错机制、水位线、窗口、撤回以及反压机制等。

10.1 流计算技术新贵：Flink

Flink 的前身是柏林理工大学一个研究性项目，从 2008 年诞生起，其发展一直不温不火。2014 年，Flink 被 Apache 孵化器所接受，然后迅速成为 ASF（Apache Software Foundation）的顶级项目之一，并从 2015 年起逐渐成为流计算领域广为接受的下一代流计算技术。

整体来说，Flink 在业界和生产系统中的使用以及在技术人员中的流行度和接受度等，都还不如 Spark 深入人心。但是目前 Flink 在生产系统中的使用案例越来越多，技术也越来越成熟，据公开资料显示，国内的 Alibaba，国外的 Uber、Netflix、爱立信等已经有在生产系统中大规模使用 Flink 的案例。

Flink 是理念和架构设计非常先进的流计算引擎，并支持了流计算所需要的几乎所有特点，包括 exactly once、状态管理、容错、性能等，但是其发展仍然在中前期，社区活跃度以及技术成熟度方面还有所欠缺，而且没有在生产系统和大规模集群上实践的检验，基于此，阿里巴巴启动了 Blink 项目，目标是扩展、优化、完善 Flink，使其能够应用在阿里巴巴大规模实时计算场景。同时，阿里巴巴还将通过阿里云平台向外界输出和推广实时计算能力。

如上所述，Flink 几乎具备了流计算所要求的所有特点。

❑ 高吞吐、低延迟、高性能的流处理。

❑ 支持带有事件时间的窗口（window）操作。

❑ 支持有状态计算的 exactly once 语义。

❑ 支持高度灵活的窗口操作，支持基于 time、count、session 以及 data-driven 的窗口操作。

❑ 支持具有反压功能的持续流模型。

❑ 支持基于轻量级分布式快照（snapshot）实现的容错。

❑ 一个运行时同时支持 batch on Streaming 处理和 Streaming 处理。

❑ Flink 在 JVM 内部实现了自己的内存管理。

❑ 支持迭代计算。

❑ 支持程序自动优化：避免特定情况下 shuffle、排序等昂贵操作，中间结果有必要时会进行缓存。

10.1.1 Flink 技术栈

同 Spark 一样，Flink 也有 Flink Core（在 Flink 中称为 Flink runtime）来统一支持流处理和批处理。

Flink Core（即 Flink runtime 层）是一个分布式的流处理引擎，它提供了支持 Flink 计算的全部核心实现，如支持分布式流处理，JobGraph 到 ExecutionGraph 的映射、调度，为上层 API 层提供基础服务等。

Flink runtime 层可以部署在本地、Standalone/YARN 集群或者云端。位于 Flink runtime 层之上的是 Flink API 层，主要实现了面向 Stream 的流处理和面向 batch 的批处理 API。

❑ DataSet API：对静态数据进行批处理操作，将静态数据抽象成分布式数据集。用
　户可以方便地使用 Flink 提供的各种操作符对分布式数据集进行处理，支持 Java、
　Scala 和 Python。

❑ DataStream API：对数据流进行流处理操作，将流式的数据抽象成分布式的数据流。
　用户可以方便地对分布式数据流进行各种操作，支持 Java 和 Scala。

❑ Table API：对结构化数据进行查询操作，将结构化数据抽象成关系表，并通过类
　SQL 的 DSL 对关系表进行各种查询
　操作，支持 Java 和 Scala。

此外，Flink 还针对特定的应用领域
提供了领域库，例如，Flink ML（Machine
Learning）为 Flink 的机器学习库，提供了
机器学习 Pipelines API 并实现了多种机器
学习算法；Gelly 为 Flink 的图计算库，提
供了图计算的相关 API 及多种图计算算法
实现。

　　Flink 的技术栈如图 10-1 所示。

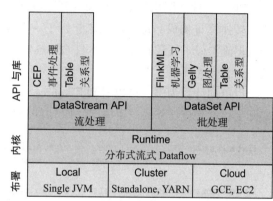

图 10-1　Flink 技术栈

10.1.2　Flink 关键概念和基本原理

正如上文介绍的，Flink 把批处理看作流处理的特例，同时提供支持流处理和批处理
两种类型应用的功能。因此本节先来介绍批处理、流处理以及无界流数据和有界批数据的
概念。

Flink 把流计算框架可能处理的数据集分为如下两种。

❑ 无界数据集（unbounded dataset）：无界数据集通常是持续不断产生的，就像河水
　一样不停流入。现实世界中的许多数据都是无界的数据集，比如电子商务交易日志、
　网站点击日志等。

❑ 有界数据集（bounded dataset）：有界的数据集通常是批次的，考虑 Hadoop
　MapReduce 处理的文件，就是典型的有界批次数据集。

对应上述两种数据集，就有两种数据处理模型。

❑ 流处理：流处理任务就是常说的实时任务，任务一直运行，持续不断地处理流入的
　无界的数据集。

❑ 批处理：批处理任务对于自己要处理的有界数据集非常明确，处理完该数据集后，
　就会释放有关计算和内存资源，而不是像流处理一样持续不停地占用计算和内存资
　源来处理数据。

Flink 底层用流处理模型来同时处理上述两种数据。在 Flink 看来，有界数据集不过是
无界数据集的一种特例；而 Spark Streaming 走了完全相反的技术路线，即它把无界数据集

分割成了有界的数据集而通过微批的方式来对待流计算。

Flink 的方式带来了更大的灵活性，包括 event time、窗口、状态管理以及 exactly once 等，因此被广泛认为下一代的数据处理引擎。

同 Spark Streaming、Storm 等流计算引擎一样，Flink 的数据处理组件也被分为三类：数据输入（source）、数据处理（transformation）和数据输出（sink）。此外，Flink 对数据流的抽象称为 Stream（Spark 中称为 DStream，Storm 中也称为 Stream）。

Flink 程序实际执行时，会映射到流数据流（streaming dataflow）。streaming dataflow 由流和转换算符构成，每个数据流起始于一个或多个 source，并终止于一个或多个 sink，整个数据流类似于任意的有向无环图（DAG）——通过迭代构造允许特定形式的环，整体上还是一个有向无环图。

以单词计数为例，可以看到其 source、transformatoin 和 sink 组件，Streaming dataflow 实际上也就是流任务的逻辑视图，如图 10-2 所示。

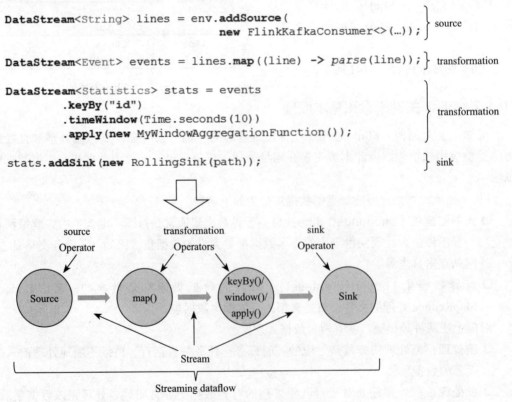

图 10-2 单词计数 Flink 任务的逻辑视图

在 Streaming dataflow 实际执行时会被并行执行，源头可能会有多个分区，每个 transformation 组件也可能被并行执行，因此通常流任务还对应一个实际的物理视图，比如，上述的单词计数物理视图对应的并行执行的实际物理视图可能如图 10-3 所示。

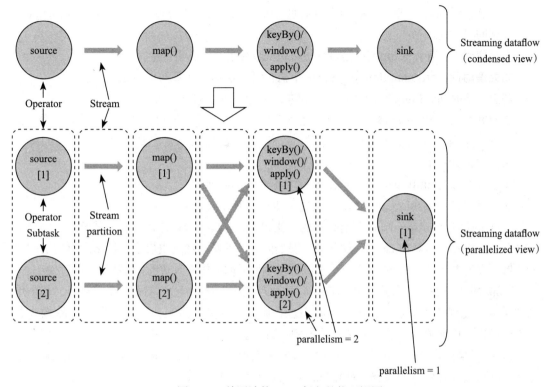

图 10-3　单词计数 Flink 任务的物理视图

根据数据流如何在两个 transformtaoin 组件之间传输数据，流的重分布通常分为如下两种。

❑ **一对一流**（例如图 10-3 中 source 与 map() 算符之间）保持了元素的分区与排序。这意味着 map() 算符的子任务 [1] 将以与 source 的子任务 [1] 生成顺序相同的顺序查看到相同的元素。

❑ redistributing **流**（如图 10-3 中 map() 与 keyBy/window 之间，以及 keyBy/window 与 sink 之间）则改变了流的分区。每一个算符子任务根据所选择的转换，向不同的目标子任务发送数据。比如 keyBy()（根据 key 的哈希值重新分区）、broadcast() 或者 rebalance()（随机重分区）。在一次 redistributing 交换中，元素间的排序只保留在每对发送与接收子任务中（比如，map() 的子任务 [1] 与 keyBy/window 的子任务 [2]）。因此在这个例子中，每个键的顺序被保留下来，但是并行确实引入了对于不同键的聚合结果到达 sink 的顺序的不确定性。

此外，正如上述所述，Flink 技术对于流计算带来了更大的灵活性，这主要体现在时间、窗口、状态、检查点等，下面逐一介绍其基本概念。

Flink 支持基于各种时间进行操作，具体如下。

❑ **事件时间（event time）**：就是事件创建的时间，它通常由事件中的时间戳描述，例如传感器时间或者某种软件的服务时间。Flink 通过时间戳分配器（timestamp assigner）访问事件时间戳。

❑ **采集时间**（ingest time）：是事件进入 Flink 数据流源算符的时间。

❑ **处理时间**（process time）：是每一个执行时间操作的运算符的本地时间。

基于上述时间，Flink 支持对各种窗口进行统计，具体如下。

❑ **时间窗口**（time window）：包括翻滚窗口（即不重叠的窗口，比如 12 点 1 分到 5 分是一个窗口，12 点 6 分到 10 分是一个窗口）、滑动窗口（有重叠的窗口，比如每一分钟统计一下过去 5 分钟内的指标）。

❑ **事件窗口**（count window）：比如每 100 个源头数据。

❑ **会话窗口**（session window）：通过不活动的间隙来划分。

Flink 的很多 transformation 是有状态的，比如各种窗口的统计操作，考虑截至今天的交易量这个统计指标。如果 Flink 不存储状态，假如因为某种原因任务重启了，那么所有此前的计算结果就会丢失。对于 Flink 来说，状态保存在一个可被视作嵌入式键 / 值数据库的存储中。

Flink 的状态是与分布式的数据流一同本地存储的，比如上述单词计数的例子，某个单词如果被分配到任务节点上，那么其状态也存储在该任务节点上，这样状态的读取操作总是本地操作，以保障没有事务开销和数据的一致性。

Flink 还采用检查点（checkpoint）的机制来保存某一刻 Streaming dataflow 的状态，这样通过流重放以及保存的检查点就可以很容易地实现容错。

10.2 Flink API

10.2.1 API 概览

Flink 提供了不同抽象级别的 API 供开流式或批处理应用开发使用，如图 10-4 所示。

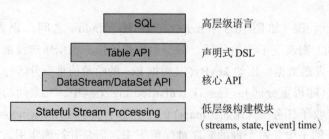

图 10-4 Flink API 抽象级别

1. 低层级的抽象

仅提供了有状态流，它将通过过程函数（process function）嵌入 DataStream API 中，允许用户可以自由地处理来自一个或多个流数据的事件，并使用一致、容错的状态。除此之外，用户可以注册事件时间和处理事件回调，从而使程序可以实现复杂的计算。

2. 核心 API

实际上，大多数应用并不需要上述的低层级抽象，而是针对核心 API 进行编程，比如 DataStream API（有界或无界流数据）以及 DataSet API（有界数据集），这些 API 为数据处理提供了通用的构建模块，比如由用户定义的多种形式的转换（transformation）、连接（join）、聚合（aggregation）、窗口操作（window）、状态（state）等。这些 API 处理的数据类型以类（class）的形式由各自的编程语言所表示，低层级的过程函数与 DataStream API 相集成，使其可以对某些特定的操作进行低层级的抽象。DataSet API 为有界数据集提供了额外的原语，例如循环与迭代。

3. Table API

Table API 是以表为中心的声明式 DSL，其中表可能会动态变化（在表达流数据时），Table API 遵循（扩展的）关系模型，表具有附加的模式（类似于关系数据库中的表），同时 API 提供可比较的操作，例如 select、project、join、group-by、aggregate 等；Table API 程序声明式地定义了 什么逻辑操作应该执行而不是准确地确定这些操作代码的看上去如何，尽管 Table API 可以通过多种类型的用户定义的函数进行扩展，其仍不如核心 API 更具表达能力，但是使用起来却更加简洁（代码量更少）。除此之外，Table API 程序还可以在执行之前通过应用优化规则的优化器；Flink 支持在 Table API 与 DataStream/DataSet API 之间无缝切换，也允许程序将 Table API 与 DataStream API 以及 DataSet API 混合使用；

4. SQL 层

Flink 提供的最高层级的抽象是 SQL，这一层抽象在语法与表达能力上与 Table API 类似，却是以 SQL 查询表达式的形式表现程序。SQL 抽象与 Table API 交互密切，同时 SQL 查询可以直接在 Table API 定义的表上执行。

10.2.2　DataStream API

DataStream API 是 Flink 最为核心的 API，因此本章节专辟一节对其进行介绍。

同其他流计算框架一样，Flink 也有数据输入、数据处理和数据输出组件，只不过在 Flink 中，它们分别叫作 source 组件、transformation 组件和 sink 组件，同时对应于 Storm 中的拓扑（topology），Flink 中称之为 Flink Stream dataflow。

1. source 组件

source 是读取输入的地方，可以通过如下代码将其添加到程序中：

```
StreamExecutionEnvironment.addSource(sourceFunction)
```

Flink 提供了若干已经实现好了的 source function，当然也可以通过实现 sourceFunction 来自定义非并行的 source 或者实现 ParallelSourceFunction 接口或者扩展 RichParallelSource-Function 来自定义并行的 source。StreamExecutionEnvironment 中可以使用以下几个已实现

的 Stream sources。

（1）基于文件

❑ readTextFile（path）：读取文本文件，即符合 TextInputFormat 规范的文件，并将其作为字符串返回。

❑ readFile（fileInputFormat，path）：根据指定的文件输入格式读取文件（一次）。

❑ readFile（fileInputFormat，path，watchType，interval，pathFilter，typeInfo）：这是上面两个方法内部调用的方法。它根据给定的 fileInputFormat 和读取路径读取文件。根据提供的 watchType，这个 source 可以定期（每隔 interval 毫秒）监测给定路径的新数据（FileProcessingMode.PROCESS_CONTINUOUSLY），或者处理一次路径对应文件的数据并退出（FileProcessingMoe.PROCESS_ONCE）。可以通过 pathFilter 进一步排除掉需要处理的文件。

（2）基于 Socket

❑ socketTextStream：从 socket 读取，元素可以用分隔符切分。

（3）基于集合

❑ fromCollection（Collection）：从 Java 的 Java.util.Collection 创建数据流，集合中的所有元素类型必须相同。

❑ fromCollection（Iterator，Class）：从一个迭代器中创建数据流，Class 指定了该迭代器返回元素的类型。

❑ fromElements（T...）：从给定的对象序列中创建数据流，所有对象类型必须相同。

❑ fromParallelCollection（SplittableIterator，Class）：从一个迭代器中创建并行数据流。Class 指定了该迭代器返回元素的类型。

❑ generateSequence(from,to)：创建一个生成指定区间范围内的数字序列的并行数据流。

（4）自定义

❑ addSource：添加一个新的 source function，例如可以通过 addSource（new Flink-KafkaConsumer08<>（...））以从 Apache Kafka 读取数据。

2. tansformation 组件

Flink 常用的 transformatoin 组件见表 10-1。

表 10-1　Flink 常用的 transformatoin 组件

transformation	描述

map
DataStream → DataStream
	读入一个元素，返回转换后的一个元素，下面的例子就是将输入流转换中的数值翻倍。
	map function：
	`DataStream<Integer> dataStream = //...`
	`dataStream.map(new MapFunction<Integer, Integer>() {`
	`    @Override`
	`    public Integer map(Integer value) throws Exception {`

（续）

transformation	描述

map
DataStream → DataStream
	``
	        return 2 * value;
	    }
	});
	``

flatMap
DataStream → DataStream
	读入一个元素，返回转换后的 0 个、1 个或者多个元素，下面的例子就是将句子切分成单词的 flatMap：
	``
	dataStream.flatMap(new FlatMapFunction<String, String>() {
	    @Override
	    public void flatMap(String value, Collector<String> out)
	    throws Exception {
	    for(String word: value.split(" ")){
	        out.collect(word);
	    }
	    }
	});
	``

filter
DataStream → DataStream
	对读入的每个元素执行 boolean 函数，并保留返回 true 的元素，下面是过滤掉零值的 filter 例子：
	``
	dataStream.filter(new FilterFunction<Integer>() {
	    @Override
	    public boolean filter(Integer value) throws Exception {
	        return value != 0;
	    }
	});
	``

keyBy
DataStream → keyedStream
	keyBy 操作将源头数据流按照源头数据的某个 key 进行分组。keyBy 会保证某一个 key 的所有源头数据都分到同样的一组中，默认的分组函数是取哈希值。
	``
	dataStream.keyBy("someKey") // 按照某列分组
	dataStream.keyBy(0) // 按照首列分组
	``

reduce
keyedStream → DataStream
	reduce 操作将来自于某个 keyBy 操作的结果数据流（keyedStream）进行 combine 操作，如相加、计数等，下面是一个相加的例子。
	``
	keyedStream.reduce(new ReduceFunction<Integer>() {
	    @Override
	    public Integer reduce(Integer value1, Integer value2)
	    throws Exception {
	        return value1 + value2;
	    }
	});
	``

fold
KeyedStream → DataStream
	fold 将来自于某个 keyBy 操作的结果数据流（keyedStream）进行 fold（折叠）。fold 操作的含义是有一个初始化值，然后和当前值叠加，当前计算的结果又作为下次叠加操作的初始值。下面的例子初始值为 start，当输入序列为（1，2，3，4，5）时，其输出序列分别为 "start-1"，"start-1-2"，"start-1-2-3"，……
	``
	DataStream<String> result =
	    keyedStream.fold("start", new FoldFunction<Integer,
	String>() {
	``

（续）

transformation	描述

fold
KeyedStream → DataStream
	``
	@Override
	public String fold(String current, Integer value) {
	    return current + "-" + value;
	}
	});
	``

aggregation
keyedStream → DataStream
	aggregation 操作作用于 keyedStream，比如 min、minby、sum、max、maxby 等，其中 min 和 minby 的区别在于，min 返回最小值，而 minby 返回最小值对应的元素，max 和 maxby 与此类似。
	
	``
	keyedStream.sum(0);
	keyedStream.sum("key");
	keyedStream.min(0);
	keyedStream.min("key");
	keyedStream.max(0);
	keyedStream.max("key");
	keyedStream.minBy(0);
	keyedStream.minBy("key");
	keyedStream.maxBy(0);
	keyedStream.maxBy("key");
	``

window
keyedStream →
WindowedStream
	窗口操作。下面例子定义了一个 5s 的翻滚窗口。
	
	``
	dataStream.keyBy(0).window(TumblingEventTimeWindows.
	of(Time.seconds(5))); // 定义了一个 5 秒的翻滚窗口
	``

windowAll
DataStream →
AllWindowedStream
	通常窗口操作一般定义在分组操作后，也就是在 keyedStream 上，但是也可以通过 windowAll 操作定义一个全局窗口。下面的例子定义了一个 5s 的全局窗口。需要注意的是，windowAll 操作是非并行操作，所有记录都会在一个全局任务中处理，因此请注意可能引起的性能问题。
	
	``
	dataStream.windowAll(TumblingEventTimeWindows.of(Time.
	seconds(5))); // 定义了 5 秒的全局窗口
	``

window apply
windowedStream →
DataStream
AllWindowedStream →
DataStream
	把窗口作为整体，并在此整体上应用通用函数。以下是手动对窗口全体元素求和的函数。
	
	注意：如果正在使用 windowAll transformation，则需要替换为 allWindowFunction。
	
	``
	windowedStream.apply (new WindowFunction<Tuple2<String,Integer>, Integer, Tuple, Window>() {
	    public void apply (Tuple tuple,
	            Window window,
	            Iterable<Tuple2<String, Integer>> values,
	            Collector<Integer> out) throws Exception {
	        int sum = 0;
	        for (value t: values) {
	            sum += t.f1;
	        }
	        out.collect (new Integer(sum));
	    }
	});
	``

（续）

transformation	描述

window apply
windowedStream →
DataStream
AllWindowedStream →
DataStream
	// 应用 AllWindowFunction 到非分组窗口数据流 stream
	
	``java
	allWindowedStream.apply (new AllWindowFunction<Tuple2<String,Integer>, Integer, Window>() {
	    public void apply (Window window,
	        Iterable<Tuple2<String, Integer>> values,
	        Collector<Integer> out) throws Exception {
	        int sum = 0;
	        for (value t: values) {
	            sum += t.f1;
	        }
	        out.collect (new Integer(sum));
	    }
	});
	``

window reduce
windowedStream →
DataStream
	在窗口上应用一个通用的 reduce 函数并返回 reduce 后的值。
	
	``java
	windowedStream.reduce (new ReduceFunction<Tuple2<String,Integer>>() {
	    public Tuple2<String, Integer> reduce(Tuple2<String, Integer> value1, Tuple2<String, Integer> value2) throws Exception {
	        return new Tuple2<String,Integer>(value1.f0, value1.f1 + value2.f1);
	    }
	});
	``

window fold
windowedStream →
DataStream
	在窗口上应用一个通用的 fold 函数并返回 fold 后的值。在序列（1，2，3，4，5）上应用示例函数，最后将会得到字符串"start-1-2-3-4-5"：
	
	``java
	windowedStream.fold("start", new FoldFunction<Integer, String>() {
	    public String fold(String current, Integer value) {
	        return current + "-" + value;
	    }
	});
	``

aggregation on windows
WindowedStream →
DataStream
	聚合窗口的内容。min 和 minBy 的区别是 min 返回最小值，而 minBy 返回在该字段上值为最小值的元素（max 和 maxBy 与此类似）。
	
	``java
	windowedStream.sum(0);
	windowedStream.sum("key");
	windowedStream.min(0);
	windowedStream.min("key");
	windowedStream.max(0);
	windowedStream.max("key");
	windowedStream.minBy(0);
	windowedStream.minBy("key");
	windowedStream.maxBy(0);
	windowedStream.maxBy("key");
	``

（续）

transformation	描述
union DataStream* → DataStream	union 用于两个或多个数据流，创建一个包含来自所有流中所有元素的新数据流。注意：如果 DataStream 和自身联合，那么在结果流中每个元素将会存在双份。 `dataStream.union(otherStream1, otherStream2, ...);`

window join
DataStream, DataStream → DataStream
	在给定的 key 和公共窗口上连接（join）两个 DataStream。
	`dataStream.join(otherStream)`
	`    .where(<key selector>).equalTo(<key selector>)`
	`    .window(TumblingEventTimeWindows.of(Time.seconds(3)))`
	`    .apply (new JoinFunction () {...});`

window coGroup
DataStream,DataStream → DataStream
	在给定的 key 和公共窗口上 CoGroup 两个 DataStream。
	`dataStream.coGroup(otherStream)`
	`    .where(0).equalTo(1)`
	`    .window(TumblingEventTimeWindows.of(Time.seconds(3)))`
	`    .apply (new CoGroupFunction () {...});`

connect
DataStream,DataStream → ConnectedStreams
	connect 用于串联两个 DataStream 并保留各自类型。串联允许两个流之间共享状态。
	`DataStream<Integer> someStream = //...`
	`DataStream<String> otherStream = //...`
	
	`ConnectedStreams<Integer, String> connectedStreams =`
	`someStream.connect(otherStream);`

CoMap, CoFlatMap
connectedStreams → DataStream
	在一个 connectedStreams 上做类似于 map 和 flatMap 的操作。
	`connectedStreams.map(new CoMapFunction<Integer, String,`
	`Boolean>() {`
	`    @Override`
	`    public Boolean map1(Integer value) {`
	`        return true;`
	`    }`
	
	`    @Override`
	`    public Boolean map2(String value) {`
	`        return false;`
	`    }`
	`});`
	`connectedStreams.flatMap(new CoFlatMapFunction<Integer,`
	`String, String>() {`
	
	`    @Override`
	`    public void flatMap1(Integer value, Collector<String>`
	`out) {`
	`        out.collect(value.toString());`
	`    }`
	
	`    @Override`

（续）

transformation	描述
| CoMap, CoFlatMap<br>connectedStreams →<br>DataStream | ```
    public void flatMap2(String value, Collector<String>
out) {
        for (String word: value.split(" ")) {
            out.collect(word);
        }
    }
});
``` |
| Split<br>DataStream → SplitStream | 根据一些标准将流分成两个或更多个流。<br>```
SplitStream<Integer> split = someDataStream.split(new
OutputSelector<Integer>() {
    @Override
    public Iterable<String> select(Integer value) {
        List<String> output = new ArrayList<String>();
        if (value % 2 == 0) {
            output.add("even");
        }
        else {
            output.add("odd");
        }
        return output;
    }
});
``` |
| select<br>SplitStream → DataStream | 在一个 SplitStream 上选择一个或多个流。<br>```
SplitStream<Integer> split;
DataStream<Integer> even = split.select("even");
DataStream<Integer> odd = split.select("odd");
DataStream<Integer> all = split.select("even","odd");
``` |
| iterate<br>DataStream →<br>IterativeStream → DataStream | 通过将一个 operator 的输出重定向到某个先前的 operator，在流中创建"反馈"循环。这对于需要不断更新模型的算法特别有用。以下代码以流开始，并持续应用迭代体。大于 0 的元素将回送到反馈通道，将其余元素发往下游<br>```
IterativeStream<Long> iteration = initialStream.iterate();
DataStream<Long> iterationBody = iteration.map (/*do
something*/);
DataStream<Long> feedback = iterationBody.filter(new
FilterFunction<Long>(){
    @Override
    public boolean filter(Integer value) throws Exception {
        return value > 0;
    }
});
iteration.closeWith(feedback);
DataStream<Long> output = iterationBody.filter(new
FilterFunction<Long>(){
``` |

（续）

transformation	描述

iterate
DataStream →
IterativeStream → DataStream
	```@Override```
	```public boolean filter(Integer value) throws Exception {```
	``` return value <= 0;```
	```}```
	```});```

Extract Timestamps DataStream → DataStream	从记录中提取时间戳，以便在窗口中使用事件时间语义 ```stream.assignTimestamps (new TimeStampExtractor() {...});```

3. sink 组件

Flink 自带多种内置的输出格式，它们都被封装在对 DataStream 的操作函数背后。

❑ writeAsText() / TextOutputFormat：将元素以字符串形式写入，字符串通过调用每个元素的 toString() 方法获得。

❑ writeAsCsv(...) / CsvOutputFormat：将元组写入逗号分隔的 CSV 文件，行和字段分隔符均可配置，每个字段的值来自对象的 toString() 方法。

❑ print() / printToErr()：打印每个元素的 toString() 值到标准输出 / 错误输出流，可以配置前缀信息添加到输出，以区分不同 print 的结果，如果并行度大于 1，则 task ID 也会添加到输出前缀上。

❑ writeUsingOutputFormat() / FileOutputFormat：自定义文件输出的方法 / 基类，支持自定义的对象到字节的转换。

❑ writeToSocket：根据 SerializationSchema 把元素写到 socket。

❑ addSink：调用自定义 sink function。Flink 自带了很多连接其他系统的连接器（connectors）（如 Apache Kafka），这些连接器都实现了 sink function。

10.3 Flink 实时开发示例

本节继续以单词计数场景为例，对 Flink 技术进行实例介绍。

同 Spark Streaming 一样，首先导入 Flink 的相关类到环境中。这些类提供了流操作很多有用的方法（如 DataStream、FlatMapFunction 等）。在 Flink 中，StreamExecutionEnvironment 类似于 Spark Streaming 的 StreamingContext，是 Flink 集群的上下文，可用于创建 Flink 的数据流 DataStream。

```
import org.apache.flink.api.common.functions.FlatMapFunction;
import org.apache.flink.api.Java.tuple.Tuple2;
import org.apache.flink.api.Java.utils.ParameterTool;
import org.apache.flink.streaming.api.datastream.DataStream;
import org.apache.flink.streaming.api.environment.StreamExecutionEnvironment;
import org.apache.flink.streaming.examples.wordcount.util.WordCountData;
```

```
import org.apache.flink.util.Collector;
// 检查输入参数，输入类似于：WordCount --input your_input_path; --output your_output_
path
    final ParameterTool params = ParameterTool.fromArgs(args);
    // 设置执行环境
    final StreamExecutionEnvironment env = StreamExecutionEnvironment.
getExecutionEnvironment();
    // 把输入参数设置到 evn 中
    env.getConfig().setGlobalJobParameters(params);
```

此时便可以利用 Flink 的 StreamExecutionEnvironment 创建一个 DataStream，后续就可以使用 DataStream 丰富的 transformation 操作对其进行各种操作。

```
// 从输入文件中创建一个数据流
DataStream<String> text;
if (params.has("input")) {
    // 从输入文件夹读取数据产生 Flink DataStream
    text = env.readTextFile(params.get("input"));
} else {
    // 容错处理
    System.out.println("Executing WordCount example with default input data
set.");
    System.out.println("Use --input to specify file input.");
    // get default test text data
    text = env.fromElements(WordCountData.WORDS);
}
```

上述 DataSream 的每条记录都代表一行文本，下一步需要通过 DataSream 的 FlatMap 操作将其切分为单词。

```
DataStream<Tuple2<String, Integer>> counts =
// 将每行的文本切分为类似于 (word,1) 的 turple
text.flatMap(new Tokenizer())
// group by the tuple field "0" and sum up tuple field "1"
.keyBy(0)
.sum(1);
```

基于 flatmap 操作的结果，可以使用分组操作 keyBy 以及聚合操作 sum 来汇总结果，并将统计结果输出（代码如上）。

此外，Tokenizer 函数的逻辑如下：

```
public static final class Tokenizer implements FlatMapFunction<String,
Tuple2<String, Integer>> {
private static final long serialVersionUID = 1L;
@Override
public void flatMap(String value, Collector<Tuple2<String, Integer>> out)
        throws Exception {
    // normalize and split the line
    String[] tokens = value.toLowerCase().split("\\W+");
```

```
    // emit the pairs
    for (String token : tokens) {
        if (token.length() > 0) {
            out.collect(new Tuple2<String, Integer>(token, 1));
        }
    }
  }
}
```

10.4　Flink 关键技术详解

10.4.1　容错机制

容错机制是 Flink 最为核心的特征之一，也是其不同于其他流计算框架技术的关键之一。

回顾之前介绍的 Storm 和 Spark Streaming 两种有代表性的流计算技术：Storm 在 record level 级别处理数据，数据延迟非常低但是吞吐量有限；而 Spark Streaming 将源头数据流分成了微批，吞吐量上去了，但是数据延迟增加了。这只是问题的一个方面，实际上流计算技术还必须对 job 的状态进行管理，确保能够从任何情况引起的 job failure 中恢复，而且要保证 exactly once 的可靠性语义，而这和吞吐量以及数据处理延迟又是矛盾的，因为状态的管理一定会有作业的开销，从而带来数据延迟的增加以及吞吐量的降低。

那么，Flink 又是怎么解决这个问题的呢？

Flink 容错机制的核心是分布式数据流和状态的快照，从而当分布式 job 由于网络、集群或者任何原因失败时，可以快速从这些分布式快照（checkpoint，分布式快照和 checkpoint 在 Flink 中含义一样）中快速恢复。需要特别说明的是，Flink 的分布式快照是轻量级的，其原理在《Lightweight Asynchronous Snapshots for Distributed Dataflows》一文中有详细描述，此论文是受到 Chandy-Lamport 算法（Chandy：印裔加利福尼亚理工学院教授；Lamport：微软科学家，2013 年图灵奖获得者，分布式计算理论的关键贡献者）启发并为 Flink 裁剪而量身定制的。

Flink 容错机制的关键是分组标记栏（barrier，后续都用 barrier 来指代分组标记栏）的引入。用河水的例子做类比可以非常容易地理解 Flink 的容错机制：Storm 是一滴一滴地处理数据；Spark Streaming 就像水坝一样，一批一批地放水，上一批放的水处理完了，才会放下一批水；Flink 的处理方式则更为优雅，它在水中定期地插入 barrier，水仍然继续流，只是加了些 barrier，如果源头有多个数据流，那么都会同步地增加同样的 barrier。同时在 job 处理的过程中，为了保证 job 失败的时候可以从错误中恢复，Flink 还对 barrier 进行对齐（align）操作，比如某个 operator 有多个数据流，那么 Flink 会等到其多个输入流的同样的 barrier 都到了（这就是 align 的含义），才会将对齐那一刻的状态进行保存，确保出错的时候可以恢复。当然，对齐也是有负面影响的，如果某个源头数据延迟很多，为了对齐可能造成整个 job 的延迟，Flink 提供了机制来关闭对齐操作，但是关闭对齐操作不能保证 exactly once 的可靠性语义，而只能保证 at most once 的可靠性语义。实际使用中，用户可以根据具体场景做出业务选择。

上面给出了 Flink 容错机制的基本思路，下面给出上述容错机制的详细描述。

首先介绍分组标记栏。正如上面所述，barrier 被定期插入数据流中，作为数据流的一部分和数据一起向下流动。barrier 不会干扰正常数据，数据流严格有序。一个 barrier 把数据流分割成两部分：一部分进入当前快照，另一部分进入下一个快照。每一个 barrier 都带有快照 ID，并且 barrier 之前的数据都进入了此快照。barrier 不会干扰数据流处理，所以非常轻量。多个不同快照的多个 barrier 会在流中同时出现，即多个快照可能同时被创建。图 10-5 给出了 barrier n 和 barrier $n-1$ 对数据流逻辑划分的示意图。

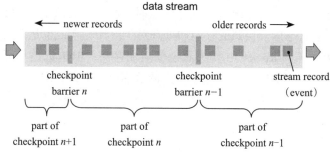

图 10-5　Flink barrier 对数据流逻辑划分示意图

barrier 实际上包含了当前数据处理进度的信息，因此当数据源端插入 barrier n 时，在其对应的 snapshot n 中会记录此数据记录的进度信息，例如，在 Apache Kafka 中，体现为最后一条数据的偏移量，这个位置值 S_n 会被发送到一个称为 Flink 的 checkpointcoordinator 的模块中保存。

分布式 job 的中间 operator 会接收插入了 barrier 的数据流，当一个 operator 从其输入流接收到所有标识 snapshot n 的 barrier 时，它会向其所有输出流插入一个标识 snapshot n 的 barrier，当 sink operator（DAG 流的终点）从其输入流接收到所有 barrier n 时，它向 checkpoint coordinator 确认 snapshot n 已完成，一旦所有 sink 都确认了这个快照，快照就被标识为完成。

对于某个中间 operator，如果其输入流有多个，就需要 barrier 对齐（即 align，如图 10-6 所示），其过程如 10-6 所示。

1）该 operator 只要一接收到某个输入流的 barrier n，它就不能继续处理此数据流后续的数据，直到 operator 接收到其余流的 barrier n，否则会混淆属于 snapshot n 的数据和 snapshot $n+1$。

2）先不处理 barrier n 所属的数据流，从这些数据流中接收到的数据暂时被放入接收缓存（input buffer）里。

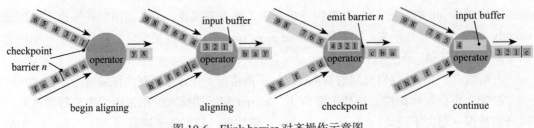

图 10-6　Flink barrier 对齐操作示意图

3）当从最后一个流中提取到 barrier n 时，operator 会发射出所有等待向后发送的数据，并同时发射 snapshot n 所属的 barrier。

经过以上步骤，operator 恢复所有输入流数据的处理，并优先处理输入缓存中的数据。

operator 在收到所有输入数据流中的 barrier 之后，在发射 barrier 到其输出流之前需要对其状态进行快照。当 operator 向后端存储快照时，会停止处理输入的数据。但是快照可能非常大，所以对于状态以及快照的存储和处理对于流计算来说也是非常关键的。Flink 采用了单机性能十分优异的 RocksDB 作为状态的后端存储，但单机是不可靠的，所以 Flink 还对将单机的状态同步到 HDFS 上以保证状态的可靠性。另外，对于从 RocksDB 到 HDFS 上 checkpoint 的同步，Flink 也支持增量的方式，能够非常好地提高 checkpoint 的效率，这里不做过多展开。

10.4.2　水位线

在介绍窗口（window）机制之前，首先介绍水位线（watermark）的概念。

正如上文所述，Flink 相比其他流计算技术的一个重要特性是支持基于事件时间（event time）的窗口操作。但是事件时间来自于源头系统，网络延迟、分布式处理以及源头系统等各种原因导致源头数据的事件时间可能是乱序的，即发生晚的事件反而比发生早的事件来得早，或者说某些事件会迟到。Flink 参考 Google 的 Cloud Dataflow，引入水印的概念来解决和衡量这种乱序的问题。

那么，什么是水位线呢？水位线实际上是一种衡量 event time 进展的机制，它是数据本身的一个隐藏属性。水位线用于处理乱序事件，而正确地处理乱序事件，通常需要水位线机制结合 window 机制一起来实现。用一个例子可以很容易地理解水位线，比如源头为用户浏览日志，需要统计每小时 pv，而且是需要基于日志写入时间（这里的日志写入时间就是 event time），由于用户浏览日志可能会是乱序的（网络延迟、分布式处理或者源头系统的原因），那么 Flink 怎么知道某小时内的所有消息都已经到达了呢？这里的衡量因素就是日志写入时间的水位线。

水位线是源头事件的一个隐藏属性，就是一个事件戳而已。一个水位线的时间戳 t 声明任何 event time $t' \leqslant t$ 的时间都已经到达了。

最理想的情况是处理时间和事件时间相等，但是实际中处理时间总是大于事件时间，使用水位线可以很好地可视化它们的差值。图 10-7 图中的事件时间斜率就代表了事件时间的这种处理偏差，实际中没有办法来百分之百准确的水位线，所以实际上，水位通常采用信息启发的方式来产生。

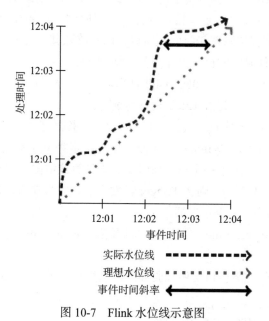

图 10-7 Flink 水位线示意图

水位线生成最常用的办法是 with periodic watermark，其含义是定义一个最大允许乱序的时间，比如某条日志时间为 2017-01-01 08:00:10，如果定义最大乱序时间为 10s，那么其水位线时间戳就是 2017-01-01 08:00:00，其含义就是说 8 点之前的所有数据都已经到达，那么某个小时窗口此时就可以被触发并计算该小时内的业务指标。

10.4.3 窗口机制

Flink 支持高度灵活的窗口（window）操作，支持基于 time（包含处理时间、采集时间、事件时间）、count、session 以及 data-driven 的窗口操作，10.1.3 节中已经对处理时间、采集时间、事件时间以及翻滚窗口、滑动窗口、session 窗口等概念给出了定义和介绍，本节将把这些综合起来，集中介绍 Flink 的窗口机制。

窗口操作是流计算引擎的核心功能之一。对于 Flink 来说，其窗口程序的结构都是类似的，以最常用的分组窗口（keyBy）为例，其一般结构如下：

```
stream
    .keyBy(...)              <-  keyed versus non-keyed windows
    .window(...)            <-  required: "assigner"
    [.trigger(...)]         <-  optional: "trigger" (else default trigger)
    [.evictor(...)]         <-  optional: "evictor" (else no evictor)
    [.allowedLateness()]    <-  optional, else zero
```

```
.reduce/fold/apply() <- required: "function"
```

其中，[] 内的操作是可选的。

从窗口生命周期来讲，只有当属于此窗口的第一个元素到达后，才会创建此窗口，当窗口结束时间到的时候（如果指定了窗口的允许延迟时间，还要加上此延迟时间），窗口将被完全删除。Flink 保证仅移除基于时间的窗口，而不移除其他类型（例如全局窗口等）。例如，某 job 使用基于事件时间的窗口操作，假定使用 5min 的翻滚窗口，并且允许延迟 1min 延迟，那么 Flink 将在 12:00 和 12:05 之间并且当落入此间隔时间戳的第一个元素到达时创建此窗口，并将在 watermark 超过 12:06 时将其删除。

Flink 的窗口操作内部实际上包含了三个组件来描述和定义一个窗口：Window Assigner、Trigger 和 Evictor。Window Assigner 用来决定某个元素被分配到哪个 / 哪些窗口中去；Trigger（触发器）决定了一个窗口何时能够被计算或清除，每个窗口都会拥有一个自己的 Trigger；Evictor（驱逐者）则在 Trigger 触发之后，并且在窗口被处理之前，剔除窗口中不需要的元素，其相当于一个过滤器。

下面分别用基于 process time 的翻滚窗口以及基于 event time 的滑动窗口来分别介绍窗口操作。

基于 process time 的翻滚窗口实例代码如下，这里指定了一个 5min 的翻滚窗口操作：

```
DataStream<T> input = ...;
// tumbling processing-time windows
input
    .keyBy(<key selector>)
    .window(TumblingProcessingTimeWindows.of(Time.seconds(5)))
    .<windowed transformation>(<window function>);
```

基于 event time 的滑动窗口则要复杂些，需要先指定窗口机制，然后指定 watermark 和 event time 字段，示例代码如下：

```
final StreamExecutionEnvironment env = StreamExecutionEnvironment.
getExecutionEnvironment();
    env.setStreamTimeCharacteristic(TimeCharacteristic.EventTime);
    // sliding event-time windows
    input
    .assignTimestampsAndWatermarks(new BoundedOutOfOrdernessTimestampExtractor<MyEve
nt>(Time.seconds(10)) {
        @Override
        public long extractTimestamp(MyEvent element) {
            return element.getCreationTime();
        })
    .keyBy(<key selector>)
    .window(SlidingEventTimeWindows.of(Time.seconds(10), Time.seconds(5)))
    .<windowed transformation>(<window function>);
```

上述示例先定义窗口机制为基于 event time，然后通过 BoundedOutOfOrdernessTimestampExtractor 指定 event time 的源头数据列和 watermark，然后分组，并定义一个 10s 长度和 5s 滑动间隔的滑动窗口，最后执行窗口函数操作。

10.4.4　撤回

在流计算的某些场景下，需要撤回（retract）之前的计算结果进行，Flink 提供了撤回机制。

首先给出撤回机制的场景。Flink 官方文档通过词频统计的例子给出了撤回的场景，这种场景和实际中的场景不太吻合，本节通过排队的例子来说明撤回场景。

业务实践中比较常见的是排队或者状态的改变，例如，去银行排队办理业务，某位用户希望办理开户业务，窗口 1 和窗口 2 都可以办理开户业务，由于窗口 1 人较少，于是该用户就排在窗口 1 的队列上（假定此刻时间为 t1），但是此用户发现窗口 1 的工作人员办理速度太慢了，还是窗口 2 更快一点，于是其马上换到窗口 2（假定此刻时间为 t2）。对于流计算引擎来说，如果不支持撤回机制，那么统计每个窗口的排队量就会出错，因为 t1 时刻窗口 1 的队列把该用户计算了一次，t2 时刻在窗口 2 的队列还会把该用户计算一次，要得到正确的结果，必须在用户切换窗口的时候，把此前窗口 1 队列的统计中扣除对用户 1 的排队。

在 Flink 中，撤回机制的支持是通过撤回消息的引入来解决的。

在 Flink Table API 和 SQL 中，引入了 retract Stream。对于 retract Stream 来说，存在两种消息：插入（insert）消息和撤回（retract）消息。源头的 insert 操作对应 insert 消息，源头的 delete 操作对应 retract 消息，update 操作则对应两条消息——首先是一条对前面操作的撤回消息，然后是对应最新值的 insert 消息。

第 12 章的 Stream SQL 实战中将会给出撤回处理的实际例子。

10.4.5　反压机制

正如之前介绍的，反压通常是由于某段时间内源头数据量暴涨，导致流任务处理数据的速度远远小于源头数据的流入速度。这种场景如果没有得到合适的处理，流任务的内存会越积越大，可能导致资源耗尽甚至系统崩溃。

对于不同的流计算引擎，处理方式是不一样的。Storm 是通过监控 process bolt 中的接收队列负载情况来处理反压，如果超过高水位值，就将反压信息写到 ZooKeeper，由 ZooKeeper 上的 watch 通知该拓扑的所有 worker 都进入反压状态，最后 spout 停止发送 tuple 来处理的。而 Spark Streaming 通过设置属性 "spark.streaming.backpressure.enabled" 可以自动进行反压处理，它会动态控制数据接收速率来适配集群数据处理能力。对于 Flink 来说，不需要进行任何的特殊设置，其本身的纯数据流引擎可以非常优雅地处理反压问题。

在 Flink 中，每个组件都有对应的分布式阻塞队列，只有队列不满的情况下，上游才能向下发送数据，因此较慢的接收者会自动降低发送者的发送速率，因为一旦队列满了（有界队列），发送者会被阻塞。

10.5　本章小结

Flink 兼顾了数据处理的延迟以及吞吐量，而且具有流计算框架应该具有的诸多数据特性，因此被广泛认为是下一代的流处理机引擎。

Flink 的概念和原理与 Storm 和 Spark Streaming 有着许多相同点，毕竟其还是一个流计算引擎，比如对流的定义、API 等和 Storm 以及 Spark Streaming 有很多相似点，但是 Flink 还有着其自身独特的一些特点，正是这些特点让其区别于 Storm 以及 Spark Streaming 等其他流计算引擎。掌握 Flink 技术需要重点掌握这些独特的特性，比如其容错机制、状态管理、窗口机制、barrier、水位线等，尤其是其容错机制以及 barrier 和水位线等的引入，优雅地解决了延迟和吞吐量不能兼顾以及乱序数据处理的问题，这是 Flink 流计算引擎的精华。

实际上，Flink 的高级技术还包括任务链机制、内存管理机制等，由于这些技术和作业的开发关系不存在非常强的关联，本章不做过多展开，感兴趣的读者可以自行扩展阅读。

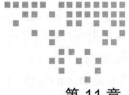

Beam 技术

数据实时化、在线化的趋势已经无比明显，人工智能更是为大数据的发展再添助力。国内外企业也都纷纷加大对实时计算技术的投入，使之在近几年得到飞速发展，各种技术百花齐放、竞相争鸣。

到目前为止，本书介绍的流计算技术包括 Storm、Spark Streaming 和 Flink，实际应用中还包括 Storm Trident、Samura 以及 Google MillWheel 和亚马逊的 Kinesis 等其他技术。

离线数据处理基本上都基于 Hadoop 和 Hive，那么实时流计算技术能否像离线数据处理一样出现 Hadoop 和 Hive 这种事实上的技术标准呢？Google 的答案是：可以，这种技术就是 Beam。

Apache Beam 被认为是继 MapReduce、GFS、Bigtable 等之后，Google 在大数据处理领域对开源社区的又一大贡献。当然，Beam 也代表了 Google 对数据处理领域一统江湖的雄心。

之前一句非常流行的话是："一流的公司卖标准、二流的公司卖专利、三流的公司卖产品。"当然这句话有一定的局限性，但是用在 Beam 身上却比较合适，因为 Beam 技术的本身就在于大数据处理的编程范式和接口定义，而不在于具体的引擎实现。

Beam 的设计目标就是统一离线批处理和实时流处理的编程范式，它的设计者将数据处理的问题统一抽象为 Beam Model，数据处理人员只要将业务需求根据 Beam Model 的四个维度（即 What are you computing、Where in event time、When in processing time、How do refinements of results relate）开发并调用具体的 Beam API，最终选用某种底层的执行引擎（比如 Flink 或者 Google Cloud Dataflow），就能实现一套代码，run anywhere 的目标（当然这里 anywhere 的底层引擎必须支持 Beam）。

为了促进 Beam 技术的发展，Google 已经将 Beam 技术开源，目前 Beam 已经是 Apache 的顶级项目，很多公司也已经开始基于 Beam SDK 来对离线和实时数据进行处理。

Beam 目前在国内应用得不是很广泛，但读者应对此项技术始终保持关注，包括其 API 设计、以及后台机制等。

本章将重点介绍 Beam 技术。首先对 Beam 技术的产生背景和 Beam 技术本身进行概述，然后重点介绍 Beam 的技术抽象 Beam Model，最后介绍 Beam 的概念、SDK 和实例等。

11.1　意图一统流计算的 Beam

11.1.1　Beam 的产生背景

正如前文所言，Apache Beam 被认为是继 MapReduce、GFS、Bigtable 等之后，Google 在大数据处理领域对开源社区的又一大贡献。Google 于 2003 年和 2004 年发表的大数据三篇论文（GFS、MapReduce、Bigtable）开启了大数据时代。实际上 Doug Cutting 也正是根据 Google 的论文实现了 Hadoop，后续大数据各种技术框架（Hive、Spark、Storm 等）都受益于此。Google 虽然开启了大数据时代，也仅是发表了论文而已，并没有实际上参与开源社区，也没有为开源生态做出实质的贡献，当然也并没有从大数据市场得到实实在在的好处。

痛定思痛，鉴于 Android 开源对 Google 带来的巨大好处，在大数据方面 Google 也走向了开源之路。代表性的举措就是 2016 年 2 月 Apache Beam（原名 Google Cloud Dataflow）的开源以及机器学习平台 TensorFlow 的开源。在大数据处理的世界里，Google 一直在内部开发并使用着 Bigtable、Spanner、MillWheel 等让大家久闻大名而又无缘一见的产品，相应地，开源世界演进出了 Hadoop、Spark、Apache Flink 等产品，现在它们终于殊途同归，走到了一起。

图 11-1 给出了 Beam 大数据相关处理技术的演进路线。

Apache Beam 的主要负责人 Tyler Akidau 在他的博客中提到他们做这件事的理念是"要为这个世界贡献一个容易使用而又强大的模型，用于大数据的并行处理，同时适用于流处理和批量处理，而且在各种不同平台上还可以移植"。笔者不否认 Tyler Akidau 对于这一理念和理想的追求，但是从 Google 公司和商业上考虑，但这只是硬币的一面，另一面是其商业动机。实际上，Apache Beam 是其云计算战略的一个关键部分，试想如果大家都基于 Apache Beam 抽象接口进行数据开发，那么作为 Beam 原型的 Google Cloud Dataflow（Google 云计算的大数据解决方案）的市场竞争力会差吗？显然，Apache Beam 的用户越多，想在 Google 云平台上运行 Apache Beam 的用户也就越多，而想支持 Apache Beam 的 Runner 就会越多，Beam 作为一个平台的吸引力就越大，这是一个良性的循环，就如 Andriod 一样，Google 很可能会一统大数据江湖。

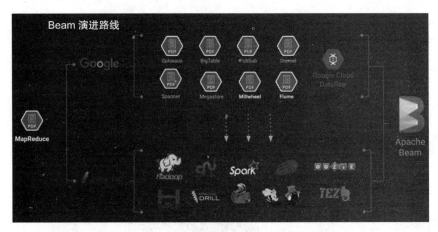

图 11-1　Beam 大数据相关处理技术的演进路线

当然，不仅 Google 受益，Apache Beam 项目中的所有参与方都会受益。如果在构建数据处理流水线时存在这样一个可移植的抽象层，就会更容易出现新的 Runner，它们可以专注于技术创新，提供更高的性能、更好的可靠性、更方便的运维管理等。换句话说，消除了对 API 的锁定，就解放了处理引擎，会导致更多产品之间的竞争，从而最终对整个行业起到良性的促进作用。

11.1.2　Beam 技术

要了解 Apache Beam，应先了解 Google Cloud Dataflow，其架构如图 11-2 所示。Google Cloud Dataflow 是一种原生的谷歌云数据处理服务，是一种构建、管理和优化复杂数据流水线的方法，用于构建移动应用、调试、追踪和监控产品级云应用。它采用了谷歌内部的技术 Flume 和 MillWheel，其中 Flume 用于数据的高效并行化处理，MillWheel 则用于互联网级别的带有很好容错机制的流处理。该技术提供了简单的编程模型，可用于批处理和流式数据的处理任务。它提供的数据流管理服务可控制数据处理作业的执行，数据处理作业可使用 Google Cloud Dataflow SDK 创建。

Apache Beam 本身不是一个流处理平台，而是一个统一的编程框架，它提供了开源的、统一的编程模型，帮助用户创建自己的数据处理流水线，从而可以在任意执行引擎之上运行批处理和流处理任务。Beam 对流计算场景中的问题进行了抽象和总结，提炼为 Beam Model，而用户只需要结合业务需求，根据 Beam Model 的四个维度调用具体的 API，即可生成分布式数据处理 Pipeline，并提交到具体执行引擎上执行，最终这些 Beam 程序可以运行在任何一个计算平台上，只要相应平台（即 Runner）实现了对 Beam 的支持即可。

总结起来，Beam 有以下特点。

❑ **统一的**：对于批处理和流处理，使用单一的编程模型。

❑ **可移植的**：可以支持多种执行环境，包括 Apache Apex、Apache Flink、Apache

Spark 和 Google Cloud Dataflow 等。

❑ **可扩展的：** 可以实现和分享更多的新 SDK、I/O 连接器、转换操作库等。

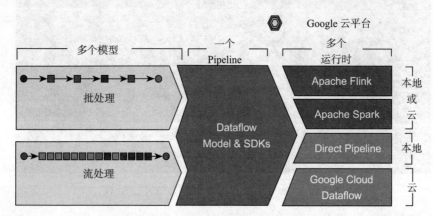

图 11-2 Google Cloud Dataflow 架构

Beam 特别适合应用于并行数据处理任务，只要可以将要处理的数据集分解成许多相互独立而又可以并行处理的小集合即可；Beam 也可以用于 ETL 任务，或者单纯的数据整合，这些任务主要就是把数据在不同的存储介质或者数据仓库之间移动，将数据转换成希望的格式，或者将数据导入一个新系统。

Beam 主要包含两个关键的部分：Beam SDK 和 Beam Pipeline。

Beam SDK 提供一个统一的编程接口给到上层应用的开发者。开发者不需要了解底层的具体的底层大数据平台的开发接口是什么，直接通过 Beam SDK 的接口，就可以开发数据处理的加工流程，不管输入是用于批处理的有限数据集，还是流式的无限数据集。对于有限或无限的输入数据，Beam SDK 都使用相同的类来表现，并且使用相同的转换操作进行处理。Beam SDK 可以有不同编程语言的实现，目前已经完整地提供了 Java 的实现，Python 的 SDK 还在开发过程中，相信未来会有更多不同语言的 SDK 会发布出来。

Beam Pipeline runner 将用户用 Beam 模型定义开发的处理流程翻译成底层的分布式数据处理平台支持的运行时环境。在运行 Beam 程序时，需要指明底层的正确 runner 类型。针对不同的大数据平台，会有不同的 runner。目前 Flink、Spark、Apex 以及 Google Cloud DataFlow 都有支持 Beam 的 runner。

需要注意的是，虽然 Apache Beam 社区非常希望所有 Beam 执行引擎都能够支持 Beam SDK 定义的功能全集，但是在实际实现中可能并不一定。例如，基于 MapReduce 的 runner 显然很难实现和流处理相关的功能特性。就目前状态而言，对 Beam 模型支持最好的就是运行于 Google 云平台之上的 Cloud DataFlow，以及可以用于自建或部署在非谷歌云之上的 Apache Flink。当然，其他 runner 也正在迎头赶上，整个行业也在朝着支持 Beam 模型的方向发展。

11.2　Beam 技术核心：Beam Model

在 Beam 设计者看来，流计算场景中的数据有如下三个特点。

❑ 数据是非常大的，而且一直在不停产生，理论上是无穷大。

❑ 这些数据的延迟是不可预期的也是不可控的，而且这些乱序是一种天然的行为，无法避免。

❑ 这些数据有可能用于记录抽取转换，也有可能用于根据时间窗口做聚合，而且可能是基于当前处理时间（processing time）聚合，也有可能是根据事件发生时间（event time）聚合。通常当前处理时间和事件发生时间之间是有 lag/skew 的，例如图 11-3 中的虚线是最理想的，表示处理时间和事件时间是相同的，弯曲的线是实际的线，即前面提到的水位线。水位线一般是通过启发式算法算出来的。

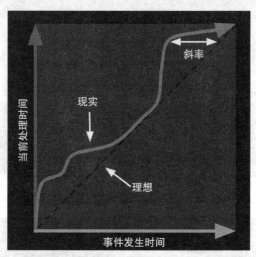

图 11-3　当前处理时间和事件发生时间的 lag/skew 示意图

Beam Model 所要处理的正是这种无限的、乱序的数据流，顺序或者有限的数据集不过是这种无限和乱序数据流的特例而已。

对于 Beam Model 来说，对这种无限的乱序数据集的处理无非是定义如下四个具体的维度（即 What、Where、When 和 How）。

❑ What（What are you computing，要对数据进行何种运算，如图 11-4 所示）：是单行数据简单的转换，还是对数据的聚合？抑或两者兼有？

❑ Where（Where in event time，要在何种范围内计算，如图 11-5 所示），是基于固定的翻滚窗口，还是滑动时间窗口？是基于 event time，还是 process time？Beam 支持基于 event time/process time 的翻滚 / 滑动时间窗口、会话、全局等多种窗口模式。

❑ When（When in processing time，何时将结果输出，如图 11-6 和图 11-7 所示）：Beam 会结合 watermark 和触发器来决定何时将计算结果输出，实际中的触发机制需要详细考虑，因为触发太早会丢失一部分数据，丧失精确性，而触发太晚又会导致延迟变长，而且会囤积大量数据。

❑ How（How do refinements relate，迟到数据如何修正，如图 11-8 所示）：将迟到数据计算增量结果输出，或是将迟到数据计算结果和窗口内数据计算结果合并成全量结果输出，在 Beam SDK 中由 Accumulation 指定优化。

Beam Model 对大数据处理的抽象是 Google 对大数据社区一个非常大的贡献，从中也可以看出 Google 基于大数据处理的经验和实践，对大数据处理所面临的挑战和理解非常深刻和到位。

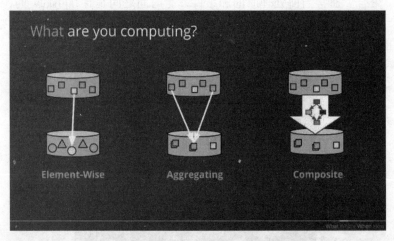

图 11-4　Beam Model 的第一个维度 What

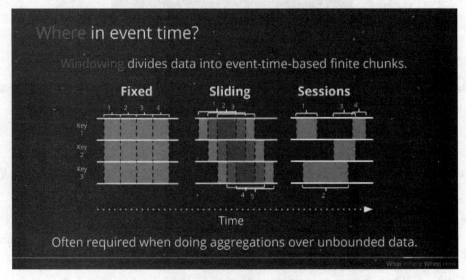

图 11-5　Beam Model 的第二个维度 Where

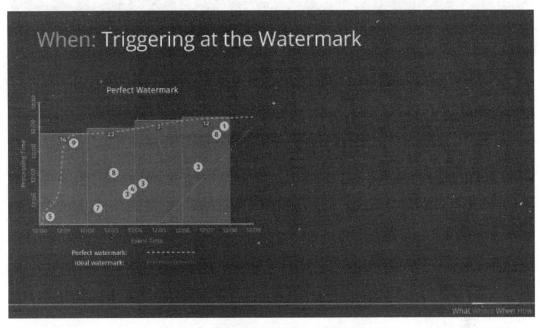

图 11-6　Beam Model 的第三个维度 When

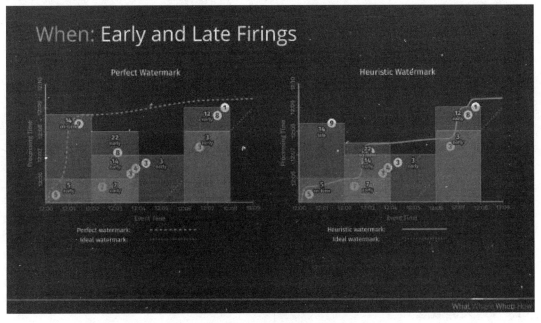

图 11-7　Beam Model 的第三个维度 When

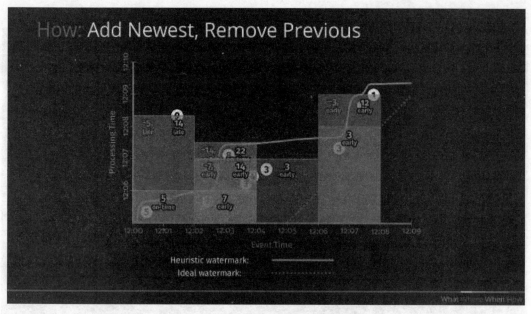

图 11-8　Beam Model 的第四个维度 How

　　Beam Model 抽象出的 WWWH 仅和业务处理逻辑有关系，和分布式任务如何执行没有任何关系。因此对于开发者来说，只要集中精力关注如何将业务需求映射成这四个维度并调用具体的 API 即可。Beam 会翻译用户定义的 Pipeline 并提交到具体的执行引擎上去执行。

　　Beam Model 的抽象使得大数据处理的编程范式成为可能，也使得 Google 统一大数据处理江湖的雄心成为可能。

11.3　Beam SDK

　　Beam 希望统一数据处理的范式和标准。那么其接口和其他流计算框架（如 Storm、Spark Streaming、Flink、Google Cloud Dataflow 等）提供的编程接口是怎样的呢？

　　实际上，Beam 能够提供的接口既不是这些流计算框架的合集也不是它们的交集。Beam 的接口是从数据处理的实际需求出发，即实际需要满足哪些场景，Beam 把这些场景和需求抽象起来变成 Beam 的范式和模式，这就是 Beam 的接口。当然，具体的实现由具体的底层 Runner 来实现。

　　下面具体介绍 Beam 的接口以及相关的概念。

11.3.1　关键概念

　　如果现在回顾之前介绍的 Storm、Spark Streaming 以及 Flink 的基本概念，读者会发现它们的很多概念都是类似的。实际上，Beam SDK 的基本概念也是类似的，也包含了如下基本要素：任务（Beam 叫 Pipeline、Storm 叫拓扑、Flink 叫 Stream dataflow，Spark 没有将其明确抽象出来）、分布式数据集（Beam 叫 PCollection，Storm 叫 Stream、Spark 叫 RDD 或 DStream、Flink 叫 DataStream、）输入、转换和输出等。

1. Pipeline

Beam 中，一个 Pipeline 是对一个数据处理任务的抽象，它包含了对给定数据集进行处理的全部逻辑，主要包括从数据源读取数据（可能从多个数据源读取）、在给定的数据集上执行 Transform 操作（中间可能是一个 DAG 图，通过多个 Transform 连接，而 Transform 的输出和输出都可能是一个数据集）、将 Transform 的数据结果写入指定对的存储系统中。

2. PCollection

一个 PCollection 是对分布式数据集的抽象，它可以是输入数据集、中间结果数据集、输出数据集。每一个由 PCollection 表征的数据集作为输入时，都会存在一个或多个 Transform 作用在其上（对数据集进行处理的逻辑）。

3. transform

一个 transform 表示数据处理过程中一个步骤，对应于 Pipeline 中的一个操作，每一个 transform 会以一个或多个 PCollection 作为输入，经过处理后输出一个或多个 PCollection。

4. source 和 sink

Apache Beam 提供了 source 和 sink 的 API，用来表示读取和写入数据。source 表示从一个外部的数据源读入数据到 Pipeline，而 sink 表示经过 Pipeline 处理后将数据写入外部存储系统。

5. PipelineRunner

PipelineRunner 是 Beam 中特有的概念，其代表实际用来处理 Pipeline 逻辑的底层组件，它能够将用户构建的 Pipeline 翻译成底层计算引擎能够处理的 job，并执行 Pipeline 的处理逻辑。

Beam 的其他概念还包含窗口、触发器、水印等，11.4 节会进行详细介绍。

11.3.2　Beam SDK

下面结合上述概念来逐一介绍 Apache Beam 的 SDK。

1. 创建 Pipeline

用 Beam 解决业务问题的第一步是创建一个 Pipeline。Pipeline 中封装了数据处理任务中的所有数据和数据处理，Beam 执行主类一般从构造一个 Pipeline 对象开始，然后使用该 Pipeline 对象建立任务的数据集合 PCollection 和所有 transform 操作。

创建 Pipleline 时，可以指定一些配置选项。这些配置选项可以直接指定，也可以通过命令行等方式在运行时指定。

创建 Pipeline 的方式如下：

```
// Start by defining the options for the pipeline.
PipelineOptions options = PipelineOptionsFactory.create();
// Then create the pipeline.
Pipeline p = Pipeline.create(options);
```

在 Pipeline 的可配置项中，PipelineRunner 决定了 pipeline 具体执行的引擎：本地执行还是指定的分布式引擎。

2. PCollection

PCollection 相当于 Spark 中的 RDD/DStream，Beam 任务的所有逻辑实际上就是读取源头 PCollection、对源头 PCollection 进行各种操作，然后输出 PColelction。

源头的数据如果需要被 Beam 处理，必须先转换成 PCollection，在 Beam 中，这可以通过如下两种方式来实现。

（1）从外部源头

Beam 已经提供了一些常见的源头数据 I/O 适配器，可以直接读取外部数据并将其转换为 PCollection。每个这些适配器都有一个 Read 转换，使用 Pipeline 的 apply 方法即可读取外部数据，比如 TextIO.Read 可以读取外部的文本文件并返回一个 string 类型的 PCollection 对象：

```
public static void main(String[] args) {
    // 创建 pipeline 对象
    PipelineOptions options =
        PipelineOptionsFactory.fromArgs(args).create();
    Pipeline p = Pipeline.create(options);
    // 通过对 TextIO.read 应用 apply 方法来创建 'Lines'Pcollection 对象
    PCollection<String> lines = p.apply(
        "ReadMyFile",
TextIO.read().from("protocol://path/to/some/inputData.txt"));
}
```

（2）从本地内存

Beam 内置了 Create 适配器，可以从一个 Java 本地 Collection 对象中读取数据并放回一个 PCollection 对象。Create 接收 Java 的 Collection 和一个 Coder 对象作为参数，同时 Coder 对象指定了 Collection 中数据元素如何被编码：

```
public static void main(String[] args) {
    // 创建一个 Java 集合对象
    static final List<String> LINES = Arrays.asList(
        "To be, or not to be: that is the question: ",
        "Whether 'tis nobler in the mind to suffer ",
        "The slings and arrows of outrageous fortune, ",
        "Or to take arms against a sea of troubles, ");
    // 创建 pipeline.
```

```
    PipelineOptions options =
        PipelineOptionsFactory.fromArgs(args).create();
    Pipeline p = Pipeline.create(options);
    // 通过对 Create.of（LINES）方法应用 apply 方法来创建 PCollection 对象
    p.apply(Create.of(LINES)).setCoder(StringUtf8Coder.of())
}
```

3. transform

Beam SDK 中的 tansform 定义了 Pipeline 中的各种操作。transform 读取 input Pcollection，执行特定的数据转换操作，然后产生输出 PCollection。

在 Beam SDK 中，执行一个转换和其他流计算技术的形式有点不同。在 Beam 的 Java SDK 中，transform 操作是通过将 transform 作为参数传递给 PCollection 的 apply 函数来实现的：

```
[Output PCollection] = [Input PCollection].apply([Transform])
```

Beam SDK 中的这种设计使得多个 transform 操作可以链式执行，只需调用多次 apply 方式即可：

```
[Final Output PCollection] = [Initial Input PCollection].apply([First Transform])
.apply([Second Transform])
.apply([Third Transform])
```

同其他流计算技术一样，一个流计算任务（就是 Beam 中的一个 Pipeline）就是一个有向无环图（DAG），最终被底层引擎解释和执行。

Beam 核心的 transform 主要包含如下几类，每一种 transform 实际上代表了一类数据处理范式。

（1）ParDo

ParDo 是 Beam 通用并发数据处理的 transform。ParDo 处理范式类似于 Map/Shuffle/Reduce 的 Map 阶段：ParDo transform 获取 PCollection 中的每条数据，在数据上执行函数计算逻辑（DoFun），输出 0 条、1 条或者多条数据到结果 PCollection 中。

ParDo 对于通用和丰富的数据处理算子非常有用，具体作用如下。

❑ **数据过滤**：可以使用 Pardo 处理 PCollection 的每条数据，或者将该数据输出到新的 PCollection，抑或将数据丢弃。

❑ **数据格式化或类型转换**：如果输入 PCollection 包含的数据类型或者格式跟所需要的不同，则可以使用 ParDo 对每条数据进行转换，并将结果输出到一个新的 PCollection 中。

❑ **提取数据的部分信息**：如果 PCollection 中的数据有多个字段，则可以使用 ParDo 解析数据并且将所需要的字段输出到新的 PCollection。

❑ **封装执行组合逻辑**：可以使用 Pardo 执行简单或者复杂的组合逻辑，计算 PCollection 中的每条数据或者特定数据，然后将结果输出到新的 PCollection。

（2）GroupByKey

GroupByKey 是 Beam 的分组操作，主要用于处理键/值对集合的 Beam 转换，非常类似于 Hadoop Map/Shuffle/ Reduce 的 Shuffle 阶段。

GroupByKey 的输入是一个键/值对集合，并且某个键可能在多行中都存在，而且多行的值有可能不相等，groupby 可以将它们按照键值进行汇总，即转换为唯一的键以及其多行值的集合。

比如某输入集合如下：

```
cat, 1
dog, 5
and, 1
jump, 3
tree, 2
cat, 5
dog, 2
and, 2
cat, 9
and, 6
...
```

经过 GroupByKey 的汇总后，其结果如下：

```
cat, [1,5,9]
dog, [5,2]
and, [1,2,6]
jump, [3]
tree, [2]
...
```

（3）Combine

Combine 是对 PCollection 的聚合计算操作。Beam 内置了一些 combine 函数用于常用的数字 combine 操作，如 sum、min、max 等的，当然也可以自定义 combine 函数。

对于更复杂的组合函数，可以通过实现"CombineFn"的子类来实现，当创建一个"CombineFn"的子类，必须提供下面 4 个操作的实现。

❑ 创建 accumulator：创建一个新的"本地"累加器，比如下面在例子中取平均值，本地的收集器需要跟踪数据的总和以及被累加数据的个数，同时需要注意它可能被分布式系统调用任意多次。

❑ 添加 input：向累加器添加一个输入数据并返回累加器值，在本例中，它将更新和并增加计数，它也可能被分布式系统调用任意多次。

❑ 合并 accumulator：将多个累加器合并成单个累加器，在本例中，代表每个部分数据的收集器将被合并在一起，它可能在输出时被调用多次。

❑ 额外 Output 执行最终计算：在本例中，就是 sum 总和除以 count 总和，在最后的合并累加器上调用一次。

```java
public class AverageFn extends CombineFn<Integer, AverageFn.Accum, Double> {
    public static class Accum {
        int sum = 0;
        int count = 0;
    }

    @Override
    public Accum createAccumulator() { return new Accum(); }

    @Override
    public Accum addInput(Accum accum, Integer input) {
        accum.sum += input;
        accum.count++;
        return accum;
    }

    @Override
    public Accum mergeAccumulators(Iterable<Accum> accums) {
        Accum merged = createAccumulator();
        for (Accum accum : accums) {
            merged.sum += accum.sum;
            merged.count += accum.count;
        }
        return merged;
    }

    @Override
    public Double extractOutput(Accum accum) {
        return ((double) accum.sum) / accum.count;
    }
}
```

（4）Flatten

Flatten 是用于存储相同数据类型的 "PCollection" 对象的 Beam 变换。Flatten 将多个 PCollection 对象合并成一个逻辑 PCollection。

如下示例显示如何应用 Flatten 变换来合并多个 PCollection 对象。

```java
// Flatten 接收给定类型的 PCollection 对象的 PCollectionList
// 返回单个 PCollection，它包含该列表中 PCollection 对象中的所有元素
PCollection<String> pc1 = ...;
PCollection<String> pc2 = ...;
PCollection<String> pc3 = ...;
PCollectionList<String> collections = PCollectionList.of(pc1).and(pc2).and(pc3);
PCollection<String> merged = collections.apply(Flatten.<String>pCollections());
```

（5）Partition

Partition 用于将一个 PCollection 分成一个固定数量较小的集合。

如下示例将 PCollection 分成百分位组：

```
// 提供具有所需数量的结果分区的 int 值，以及代表该分区的 PartitionFn
// 分区功能。 在本例中，我们定义了 PartitionFn，返回一个 PCollectionList
// 将每个生成的分区包含为单个 PCollection 对象
PCollection<Student> students = ...;
// 将学生分成 10 个分区，百分位数
PCollectionList<Student> studentsByPercentile =
    students.apply(Partition.of(10, new PartitionFn<Student>() {
        public int partitionFor(Student student, int numPartitions) {
            return student.getPercentile()  // 0..99
                * numPartitions / 100;
        }}));
// 可以使用 get 方法从 PCollectionList 中提取每个分区
PCollection<Student> fortiethPercentile = studentsByPercentile.get(4);
```

11.4　Beam 窗口详解

回顾 11.2 节介绍的 Beam Model，在 Apache Beam 对流计算场景的四个维度抽象中，11.3 节主要覆盖了第一个维度 What（即 What are you computing，要对数据进行何种运算？Pardo 操作？ GroupBykey 操作？ Combine 操作？），下面结合 Beam 窗口介绍 Beam 对于后面维度的抽象。

Beam Model 的第二个维度是 Where，也就是要在什么窗口范围内计算，而这正是本节首先要介绍的内容。

11.4.1　窗口基础

和 Flink 一样，Beam 也支持多种类型的窗口。Beam 支持如下完整窗口类型。
❑ 翻滚窗口。
❑ 滑动窗口。
❑ session 窗口。
❑ 全局窗口。
❑ 基于日历的窗户（暂不支持 Python）。

当然，如果用户有自己特殊或者更复杂的需求，也可以定义自己的窗口（通过自定义窗口函数 windowsFn）。Beam 通过源头数据的时间戳来决定每条源头数据属于哪个或者哪些窗口（是的，一条源头数据可能属于多个窗口，比如有重叠的滑动窗口），

Beam 的默认窗口行为是将一个 PCollection 的所有元素分配到一个全局窗口中，并丢弃晚到的数据。对于无界的 PCollection（实际就是通常所说的流数据，批数据是 bounded）需要注意的是，如果中间的 transform 操作使用了 GroupByKey 等分组，那么必须保证下面两点中的一个：
❑ 设置一个非全局的窗口；

❏ 设置一个非默认触发器（触发器），这允许全局窗口在其他条件下发出结果，因为默认的窗口行为（等待所有数据到达）将永远不会发生。

也就是说，对于分组操作要么指定一个非全局窗口，要么指定一个非默认触发器。

下面具体介绍 Beam 对不同窗口的设置方法。

回顾之前对 Beam SDK 的介绍，在 Beam SDK 中，执行一个操作和其他流计算技术的形式有点不同，在 Beam 的 Java SDK 中，transform 操作是通过将 transform 作为参数传递给 PCollection 的 apply 函数来实现的，窗口的指定也是一样的，将一个窗口函数 apply 到 PCollection 即可。

另外，在设置一个窗口函数时，通常还需要为 PCollection 设置一个触发器，触发器决定了窗口被聚合和产出的时机。此外，触发器还可以用于处理晚到的数据。后面将对触发器会做专门介绍。

Beam 中设置固定窗口的示例如下，下面的示例代码设置了一个 1min 的翻滚窗口（Beam 称之为固定窗口，为了在本书中保持一致，这里仍然称之为翻滚窗口）。

```
PCollection<String> items = ...;
    PCollection<String> fixed_windowed_items = items.apply(
        Window.<String>into(FixedWindows.of(Duration.standardMinutes(1))));
```

Beam 中设置滑动窗口的示例如下，下面示例代码设置了一个长为 30min 并且每 5s 滑动一次的一个滑动窗口（滑动窗口需要两个参数：窗口的大小或者长度以及滑动的频率）。

```
PCollection<String> items = ...;
    PCollection<String> sliding_windowed_items =
items.apply( Window.<String>into(SlidingWindows.of(Duration.
standardMinutes(30)).every(Duration.standardSeconds(5))));
```

Beam 中设置 session 窗口的示例如下，下面示例代码设置了一个超期时间为 10min 的 session 窗口。

```
PCollection<String> items = ...;
    PCollection<String> session_windowed_items = items.apply(
Window.<String>into(Sessions.withGapDuration(Duration.standardMinutes(10))));
```

当然，Beam 也支持全局窗口，这也是不指定窗户函数的默认窗口行为：

```
PCollection<String> items = ...;
    PCollection<String> batch_items = items.apply(
        Window.<String>into(new GlobalWindows()));
```

11.4.2　水位线与延迟数据

如同 Flink 一样，Beam 支持通过水印水位线（watermark）来处理迟到的数据。实际上，Beam 和 Flink 都是参考了 Google 的 MillWheel 流计算引擎，所以其处理迟到数据的机制非常类似。

比如，水位线机制就是很简单的 30s 延迟，那么对于 0 ～ 5min 的窗口，Beam 将在 5 分 30 秒关闭此窗口，如果某条 event time 时间戳在 0 ～ 5 分之间的数据在 5 分 35 秒到达，那么该条数据就是晚到的数据（下文都称之为 late data）。

对于 late data，Beam 支持通过 withAllowedLateness 来指定 late data 的处理机制，比如下面的代码允许窗口结束后两天内的迟到数据。

```
PCollection<String> items = ...;
    PCollection<String> fixed_windowed_items = items.apply(
        Window.<String>into(FixedWindows.of(Duration.standardMinutes(1)))
            .withAllowedLateness(Duration.standardDays(2)));
```

需要注意的是，withAllowedLateness 指定的迟到数据处理策略会向后传播，除非再次显式地再次指定。

11.4.3　触发器

Beam Model 的第三个维度是 When，即何时将结果输出，而 Beam 结合水位线和触发器来决定何时将计算结果输出。

对于 Beam 窗口，如果不指定任何的触发器，默认的触发行为是当窗口结束的时候触发。在实际业务场景中，这是远远不够的，不同的业务场景对于窗口输出的准确性和及时性有着不同的要求。对于某些场景，一定要等到所有数据都到了才能输出结果；而对于某些场景，则期望尽快看到输出结果。触发器提供了各种触发机制来满足这些需求。

Beam 支持基于事件时间、处理时间、数据驱动以及综合上述的复合触发器。

事件时间触发器基于水位线来触发。PCollection 的默认触发器就是 AfterWater-mark.pastEndOfWindow()，也就是 Beam 根据水位线判断窗口结束的时候输出结果。如果期望窗口结束前输出结果数据，可以使用 .withEarlyFirings（trigger），对于迟到的数据可以使用 .withLateFirings（trigger），下面的例子综合了上述触发器。

```
// 窗口结束触发
AfterWatermark.pastEndOfWindow()
    // 第一条
    .withEarlyFirings(
        AfterProcessingTime
            .pastFirstElementInPane()
            .plusDuration(Duration.standardMinutes(1))
    // 对任何迟来的数据进行触发窗口计算，这样就可以纠正该账单
    .withLateFirings(AfterPane.elementCountAtLeast(1))
```

当然，Beam 也可以基于处理时间触发，例如 AfterProcessingTime.pastFirstElement-InPane() 在接收到数据一定时间后会输出结果，这个时间由系统时钟决定，而不是任何源头数据的时间戳。

Beam 也支持数据驱动触发器，例如 AfterPane.elementCountAtLeast() 触发器就基于数据计数来触发，比如收集到 50 个就触发，但是实际中有可能 50 个也许永远到不了，此时可以综合基于时间的触发和基于计数的触发来解决这个问题。

实际中触发器的设置一般在 Window.into() 的基础上调用，比如：

```
PCollection<String> pc = ...;
    pc.apply(Window.<String>into(FixedWindows.of(1, TimeUnit.MINUTES))
        .triggering(AfterProcessingTime.pastFirstElementInPane()
        .plusDelayOf(Duration.standardMinutes(1)))
        .discardingFiredPanes());
```

上述示例最后一行的 discardingFiredPanes 指的是窗口的积累模式（accumulation mode）。指定一个触发器时，必须设置窗口的累积模式，其含义是当触发器触发时，是否一并输出之前触发的结果，如果不需要，则使用 discardingFiredPanes，否则使用 accumulatingFired-Panes。

11.5　本章小结

本章主要介绍了 Google 开源的流计算框架 Apache Beam，不同于之前介绍的 Storm、Spark Streaming 和 Flink，Beam 的设计目标就是统一离线批处理和实时流处理的编程范式。

基于此考虑，Beam 抽象出了数据处理（包含批处理和实时处理）的通用处理范式——Beam Model，即 What（要对数据进行何种操作）、Where（在什么范围内计算）、When（何时输出计算结果）、How（怎么修正迟到数据）。Beam Model 是流计算引擎的核心（不仅是 Apache Beam），读者应重点了解和掌握。

本章还基于 Beam Mode 介绍了 Beam 的核心 SDK，包括 Pipeline、PCollection 等基本概念以及主要的 Beam transform 操作，如 Pardo、GroupByKey、Combine 等，最后还介绍了 Beam 的窗口、水位线、触发器等机制。

Stream SQL 实时开发实战

随着数据的战略意义得到广泛的认同，业务对数据的使用越来越深入，业务方不仅希望今天看到昨天的数据，还希望能够看到最近一个小时、十分钟甚至截至当前时刻的所有业务报表。同时在某些场合，数据的实时性起着决定性的作用，所认实时报表不是最好有，而是必须有，比如实时欺诈分析、实时预警分析等场景，数据的实时性起着决定性的作用。另外，随着人工智能的发展，产品的智能化趋势已经不可阻挡，而智能化的核心和前提是实时数据的可用。

上述所有这些实时数据的应用场景对数据的实时开发提出了很大的挑战。实时数据开发效率和开发资源问题已经成了业务发展的关键。Storm、Spark Streaming、Flink 等都提供了实时数据处理的能力，那么如同 Hive 对 MapReduce 进行 SQL 层抽象一样，能否有一种框架和技术对 Storm、Spark Streaming、Flink 等进行 SQL 层抽象，从而大大提高实时开发的效率，并大大降低实时开发的门槛呢？

答案是，有的。但不幸的是，目前还没有一个公认的类似于 Hive 的框架来一统流计算 SQL 抽象层。各个流计算框架（Storm、Spark Streaming、Flink 和 Beam）都在开发自己的流计算 SQL 层。流计算 SQL 使得实时开发用户不必通过 Java 或者其他编程语言来开发实时处理逻辑，这不但大大加快了实时开发的效率，而且大大降低了实时开发的门槛。

基于此，本章将重点介绍流计算 SQL。如前所述，各个流计算技术框架都在开发自己的流计算 SQL 层，所以它们的 SQL 层定义肯定是不一致的，但是如果仔细看一下它们的定义，会发现其基本上都是基于 Apache Calcite 来做 SQL 解析和优化的，而且都是 SQL，所以它们大同小异。

根据目前流计算框架发展的现状，本章将选用 Flink SQL 和阿里云 Stream SQL 来介绍流计算 SQL。本章首先介绍流计算 SQL 的整体概念，包括其原理、架构、现状等，然后基于 Flink SQL 和阿里云 Stream SQL 具体介绍流计算 SQL 语法等，最后结合业务实际中的典型场景来进行流计算开发实战。

12.1　流计算 SQL 原理和架构

流计算 SQL 通常是一个类 SQL 的声明式语言，主要用于对流式数据（Streams）的持续查询，目的是在常见流计算平台和框架（如 Storm、Spark Streaming、Flink、Beam 等）的底层 API 上，通过使用简易通用的 SQL 语言构建 SQL 抽象层，降低实时开发的门槛，不仅使得 Java 或者其他开发语言的开发人员可以开发实时任务，还使得不熟悉这些开发语言的人仅需要掌握 SQL 就具备实时开发能力。当然，降低门槛只是一方面，同样重要的是，它使得实时开发非常简易和高效。

流计算 SQL 的原理其实很简单，就是在 SQL 和底层的流计算引擎之间架起了一座桥梁——流计算 SQL 被用户提交，被 SQL 引擎层翻译为底层的 API 并在底层的流计算引擎上执行。比如对于 Storm 来说，会自动翻译成 Storm 的任务拓扑并在 Storm 集群上运行。

流计算 SQL 引擎是流计算 SQL 的核心，主要负责对用户 SQL 输入进行语法分析、语义分析、逻辑计划生成、逻辑计划执行、物理执行计划生成等操作，而真正执行计算的是底层的流计算平台。

不同于离线任务，实时的数据是不断流入的，所以为了使用 SQL 来对流处理进行抽象，流计算 SQL 也引入了"表"的概念，不过这里的"表"是动态表（Flink 称之为 Dynamic Table，为了统一起见，其他流计算框架的流表在后文中统称动态表）。

动态表代表了流计算持续不停流入的数据，通过窗口可以较为容易地理解动态表的概念。想象一条小河，实时数据流就如同小河中的水一样不停流入，对于某一时刻，某段内的河水是确定的，同样，对于流计算，某个窗口内的实时数据也是确定的，此时就可像对离线的静态表一样，对实时窗口内的数据进行各种操作和查询。

流计算 SQL 的架构可用图 12-1 来表示。

❑ **SQL 层**：流计算 SQL 给用户的接口，它提供过滤、转换、关联、聚合、窗口、select、union、split 等各种功能。

❑ **SQL 引擎层**：负责 SQL 解析 / 校验、逻辑计划生成优化和物理计划执行等。

❑ **流计算引擎层**：具体执行 SQL 引擎层生成的执行计划。

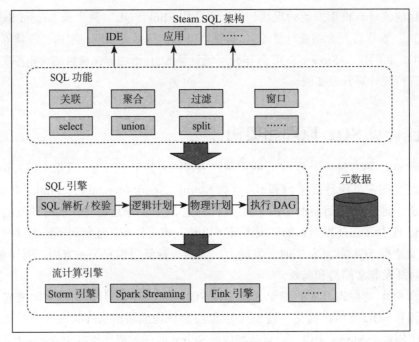

图 12-1 Stream SQL 架构

12.2 流计算 SQL：未来主要的实时开发技术

目前流计算 SQL 在各个流计算框架的进度和支持力度不一。

Storm 在最新的 1.1.1 稳定版中提供了 Storm SQL，但仅仅是基本框架，目前仅支持非常基本的流计算 SQL（包括数据源、过滤、投影等），还不支持聚合以及 join 等操作，所以实际上 Storm SQL 还只是一个实验性的功能。Storm 也认识到了流计算 SQL 对于流批统一、提高实时开发效率的关键作用，因此其关键的流计算 SQL 功能也已列入迭代计划。

Spark Streaming 植根于 Spark，其对于流的抽象 DStreams 实际上就是一系列连续的 RDD，所以结合 Spark SQL 和 Data Streaming 可以高效地开发实时任务。

Flink SQL 是 Flink 大力推广的核心 API。Flink 通过 Dynamic Table 的抽象提供了流计算 SQL 完善的语法和各种丰富的流操作。相比 Spark Streaming，Flink 是一个原生的开源流计算处理引擎，而且目前还没有其他开源流计算引擎能提供比 Flink 更为优秀的流计算 SQL 框架和语法等，所以 Flink SQL 实际上在定义流计算 SQL 的标准。此外，阿里云 Stream SQL 的底层就是 Flink 引擎（实际是 Blink，也就是 Alibaba Flink，可以认为 Blink 是 Flink 的企业版本，它提供了众多企业级特性，同时也在不停回馈 Flink 社区）。阿里云 Stream SQL 的语法基本和 Flink SQL 一致，而且其提供了流计算 SQL 完善的开发环境支持（IDE 环境）。基于此，下文将主要基于阿里云 Stream SQL 来介绍流计算 SQL。

12.3　Stream SQL

阿里云提供了 Stream SQL 开发的完整环境，包括 Stream SQL 语法、IDE 开发工具、调试以及运维等，下面将集中介绍具体的概念和语法。

12.3.1　Stream SQL 源表

Stream SQL 通常将源头数据抽象为源表，就像一个 Storm 任务必须至少定义一个 spout，一个 Stream SQL 任务必须至少定义一个源表。

定义 Stream SQL 源表的语法如下：

```
CREATE TABLE tableName
(columnName dataType [, columnName dataType ]*)
[ WITH (propertyName=propertyValue [, propertyName=propertyValue ]*) ];
```

如下例子创建了一个 datahub 类型的源表：

```
create table datahub_stream(
    name varchar,
    age BIGINT,
    birthday BIGINT
) with (
    type='datahub',
    endPoint='http://dh-et2.aliyun-inc.com',
    project='blink_datahub_test',
    topic='test_topic_1',
    accessId='0i70RRFJD1OBAWAs',
    accessKey='yF60EwURseo1UAn4NinvQPJ2zhCfHU',
    startTime='2017-07-21 00:00:00'
);
```

其中的 type 表示流式数据的源头类型，可以为 datahub，也可以为日志或者消息中间件等，type 下面的各个参数根据类型的不同而不同，它们共同确定了此 type 的某个源头数据。

此外，阿里云 Stream SQL 的底层流计算引擎是 Flink/Blink，因此其支持水位线机制。

定义水位线的语法如下：

```
WATERMARK [watermarkName] FOR <rowtime_field>
AS withOffset(<rowtime_field>, offset)
```

比如 WATERMARK FOR rowtime AS withOffset（rowtime，4000）就对源头时间列 rowtime 定义了固定延迟为 4s 的水位线。

12.3.2　Stream SQL 结果表

有源表，就有结果表，Stream SQL 定义结果表的语法如下：

```
CREATE TABLE tableName
```

```
(columnName dataType [, columnName dataType ]*)
[ WITH (propertyName=propertyValue [, propertyName=propertyValue ]*) ];
```

Stream SQL 的结果表支持各种类型，包括类似 MySQL 的 RDS、类似 HBase 的 TableStore、类似消息队列的 MessageQueue 等。下面以 RDS 来介绍 Stream SQL 结果表的具体语法：

```
create table rds_output(
    id int,
    len int,
    content VARCHAR,
    primary key(id,len)
) with (
    type='rds',
    url='jdbc:mysql:XXXXXXXXXX',
    tableName='test4',
    userName='test',
    password='XXXXXX'
);
```

在上述代码中，结果表的 type 不同，相应后面的其他参数配置也不一样，具体可以参考阿里云帮助文档。

12.3.3 Stream SQL 维度表

流计算 SQL 的维度表数据是一类特殊的外部数据，相对流数据来说，它比较稳定且变化缓慢，是静态或准静态数据，作为 JOIN/LEFT OUTER JOIN 的右表使用。需要特别注意的是，维度表在流计算中不允许作为 FROM 后的数据存储。流计算中对于 FROM 子句后对接的数据存储一定是流式数据存储，即 SELECT * FROM DIM_TABLE 是不被允许的。

阿里云 Stream SQL 中没有专门为维度表设计的 DDL 语法，使用标准的 CREATE TABLE 语法即可，但是需要额外增加一行 PERIOD FOR SYSTEM_TIME 的声明，这行声明定义了维度表的变化周期，即表明该表是一张会变化的表。

一个简单的维度表定义示例如下，type 后面的语法定义类似源表定义，这里不再重复：

```
CREATE TABLE white_list (
    id varchar,
    name varchar,
    age int,
    PRIMARY KEY (id), -- 用作维度表的话，必须有声明的主键
    PERIOD FOR SYSTEM_TIME -- 定义了维度表的变化周期
) with (
    type = 'xxx',
    ...
)
```

12.3.4 Stream SQL 临时表

在实际的实时开发中，经常发现业务逻辑的复杂性使得只用一个 Stream SQL 来完成所有的业务逻辑基本是不可能的，而必须拆分为多个 SQL 来共同完成，此时就需要定义中间临时表（在阿里云 Stream SQL 中也叫 view，即视图）。在 Stream SQL 中定义临时表的语法如下：

```
CREATE VIEW viewName
[ (columnName[ , columnName]*) ]
AS queryStatement;
```

但需要注意的是，Stream SQL 临时表仅用于辅助计算逻辑表达的内存逻辑中间状态，其物理上并不存在，也不会产生数据的物理存储。当然，临时表也不占用系统空间。一个临时表的例子如下：

```
CREATE VIEW LargeOrders(r, t, c, u) AS
SELECT rowtime,
    productId,
    c,
    units
FROM Orders;
```

12.3.5 Stream SQL DML

在介绍完 Stream SQL 源表、结果表以及辅助中间逻辑运算的临时表和维度表后，此时就可以用 Stream SQL 的数据操作语言（DML）执行如读取源表、关联维度表查找数据、用临时表存储中间运算结果、执行逻辑运算、插入结果表等操作。

Stream SQL 的语法和 SQL 标准语法绝大部分都是相同的，在此不再赘述。下面仅着重介绍 INSERT 操作和子查询。

INSERT 操作的语法为：

```
INSERT INTO tableName
[ (columnName[ , columnName]*) ]
queryStatement;
```

流计算不支持单独 SELECT 操作，当前在执行 SELECT 查询之前必须执行 INSERT 操作将结果保存起来。同时，需要注意的是，一个 SQL 文件支持多个源表输入和多个结果表输出。

只有 RESULT 表和 TMP 表可以执行 INSERT 操作，且每张表只能执行一次 INSERT 操作，DIM 表和 STREAM 表不能执行 INSERT 操作。

普通的 SELECT 操作是从几张表中读数据，但查询的对象也可以是另一个 SELECT 操作，也就是子查询，但要注意子查询必须加别名。示例如下：

```
INSERT INTO result_table
SELECT * from
    (
            SELECT    t.a,
                      sum(t.b) AS sum_b
            FROM      t1 t
            GROUP BY t.a
        ) t1
WHERE   t1.sum_b > 100;
```

12.4　Stream SQL 的实时开发实战

本节主要利用 Stream SQL 进行实时开发实战。仔细回顾 Beam 的 API 以及 Hadoop MapReduce 的 API，会发现 Google 将实际业务对数据的各种操作进行了抽象，多变的数据需求抽象为三类：离线的 Map、Shuffle、Reduce 以及实时的 ParDo、GroupByKey、Combine，这些抽象其实也对应了 SQL 的操作，总的来说，Stream SQL 的开发也无非如下几类。

- ❑ select 操作：包括过滤、投影、表达式等。
- ❑ join 操作：关联操作，包括和维度表关联以及双流 join。
- ❑ 聚合操作：全局 group by 语句以及窗口操作等。

这三类操作以及它们的组合组成了实际业务实时开发的绝大部分场景，因此本节将主要就这三类介绍 Stream SQL 开发，最后会以一个例子来综合运用上述三类操作。

12.4.1　select 操作

select 操作是实时开发的基础，也是后续 join 操作和聚合操作的基础。

另外，select 操作也经常在实时开发中用于简单的数据 map 操作，即对某个数据源头做过滤，对源头字段执行各种转换（如 JSON 解析、类型转换、特征处理、大字段解析等），并将结果写到结果表中。

如果 select 操作（如过滤、各种转换等）比较复杂，可以通过建立一个临时表（即 view）暂存中间结果，这样既便于逻辑处理，也为代码可读性以及后续维护带来了便捷。

下面给出了一个 select 操作的实例，其包含源头过滤、JSON 解析、类型转换、特征处理等典型操作，为了处理便捷，中间使用了临时表，最后的结果写入 RDS 表供下游用户使用。

```
-- 从源头接收订单实时流
create table test_order_stream(
    gmt_create          varchar,
    gmt_modifed         varchar,
    order_id            BIGINT,
```

```
    buyer_id              BIGINT,
    seller_id             BIGINT,
    item_id               bigint,
    json_object           varchar,
    order_type            VARCHAR,
    category_name         varchar,
    sub_category_name     varchar
) with (
    type='datahub',
    endPoint='http://dh-et2.aliyun-inc.com',
    project='your_project',
    topic='test_topic_1',
    accessId='your_access_id',
    accessKey='your_access_key',
    startTime='2017-12-01 00:00:00'
);
-- 创建一个临时表完成各种过滤、字段重命名、类型转换、json 解析、特征处理等操作
CREATE VIEW tmp_order AS
SELECT    order_id
    ,gmt_create as order_create_time
    ,buyer_id
    ,seller_id
    ,item_id
    ,cast(order_type as bigint) as  order_type
    ,JSON_VALUE(json_object, '$.mobileType') AS mobile_type
    ,category_name
    ,if(sub_category_name='iphone',1,0) as is_iphone
FROM test_order_stream
where category_name=' 手机 '
;
-- 定义 rds 结果表
create table rds_mobile_orders(
    order_id              int,
    order_create_time     varchar,
    buyer_id              int,
    seller_id             int,
    item_id               int,
    order_type            int,
    mobile_type           varchar,
    category_name         varchar,
    is_iphone             int,
    primary key(order_id)
) with (
    type='rds',
    url='your_mysql_url',
    tableName='your_table_name',
    userName='your_user_name',
    password='your_password'
);
-- 将手机订单明细写入 rds 结果表，供下游用户使用
```

```
insert into rds_mobile_orders
select
    order_id
    ,order_create_time
    ,buyer_id
    ,seller_id
    ,item_id
    ,order_type
    ,mobile_type
    ,category_name
    ,is_iphone
from tmp_order;
```

12.4.2 join 操作

1. join 维度表操作

实际的业务开发中，最为经常的场景是通过关联相关的维度表扩展源头数据，以便于各种分析和统计。

举个实例就非常容易理解这种场景，比如上例中源头订单流仅包含了 buyer_id，分析买家数据后发现，仅有其 id 显然是远远不够的，实际业务场景肯定还需要地域、年龄、星级、注册时间等各种业务属性，才有实际的分析意义，这就是 join 维度表操作的含义。

需要注意的是 join 维度表的触发，维度表在实际中也会被实时更新，但是如果将一个 Stream SQL 表声明为维度表，那么对此维度表的更新不会触发数据流的下发，比如 join 上例中的 order 流和买家维度表，那么只会 order 流中的数据关联买家维度表，然后 order 流带着这些关联的买家属性继续向下流，但是买家的更新不会触发任何的数据下发。

join 维度表的例子如下。下面实例将 join 买家维度表以获取买家所在省份、年龄、星级并最终将这些数据写入 rds 结果表中。

```
-- 从源头接收订单实时流
create table test_order_stream(
    gmt_create          varchar,
    gmt_modifed         varchar,
    order_id            BIGINT,
    buyer_id            BIGINT,
    seller_id           BIGINT,
    item_id             bigint,
    json_object         varchar,
    order_type          VARCHAR,
    category_name       varchar,
    sub_category_name   varchar
) with (
    type='datahub',
    endPoint='http://dh-et2.aliyun-inc.com',
```

```
    project='your_project',
    topic='test_topic_1',
    accessId='your_access_id',
    accessKey='your_access_key',
    startTime='2017-12-01 00:00:00'
);
-- 定义 rds 买家维度表
CREATE TABLE rds_dim_buyer(
    buyer_id        int,
    age             int,
    province        VARCHAR,
    star_level      varchar,
    PRIMARY KEY (buyer_id),
    PERIOD FOR SYSTEM_TIME -- 定义了维度表的变化周期，即表明该表是一张会变化的表
) with (
    type='rds',
    url='your_mysql_url',
    tableName='your_table_name',
    userName='your_user_name',
    password='your_password'
);

-- 创建一个临时表关联买家维度表并过滤非手机订单
CREATE VIEW tmp_order AS
SELECT   ord.order_id
    ,ord.gmt_create as order_create_time
    ,ord.buyer_id
    ,byr.age
    ,byr.province
    ,byr.star_level
FROM test_order_stream  AS ord
LEFT JOIN rds_dim_buyer FOR SYSTEM_TIME AS OF PROCTIME() AS byr
ON ord.buyer_id = byr.buyer_id
where ord.category_name=' 手机 '
;
-- 定义 rds 结果表
create table rds_mobile_orders(
    order_id            int,
    order_create_time   varchar,
    buyer_id            int,
    age                 int,
    province            VARCHAR,
    star_level          varchar,
    primary key(order_id)
) with (
    type='rds',
    url='your_mysql_url',
    tableName='your_table_name',
    userName='your_user_name',
    password='your_password'
```

```
);
-- 将手机订单以及关联的买家属性写入 rds 结果表
insert into rds_mobile_orders
select
    order_id
    ,order_create_time
    ,buyer_id
    ,age
    ,province
    ,star_level
from tmp_order;
```

2. 双流 join 操作

不同于 join 维度表，双流 join 的含义是两个流做实时 join，其中任何一个流的数据流入都会触发数据的下发。

下面的例子和上述 join 维度表的例子非常相似，但是不同之处在于买家表不是一个维度表，而是一个 datahub 源头数据流，所以 order 流和买家流的任何一个流的更新都会触发数据下发。

还需要注意的是，双流 join 为无限流的 join，彼此会关联对方截至目前的所有数据，所以这一操作可能会导致大量数据堆积并影响性能，实际业务中请评估场景谨慎使用。

```
-- 从源头接收订单实时流
create table test_order_stream(
    gmt_create          varchar,
    gmt_modifed         varchar,
    order_id            BIGINT,
    buyer_id            BIGINT,
    seller_id           BIGINT,
    item_id             bigint,
    json_object         varchar,
    order_type          VARCHAR,
    category_name       varchar,
    sub_category_name   varchar
) with (
    type='datahub',
    endPoint='http://dh-et2.aliyun-inc.com',
    project='your_project',
    topic='test_topic_1',
    accessId='your_access_id',
    accessKey='your_access_key',
    startTime='2017-12-01 00:00:00'
);
-- 从源头接收买家实时流
CREATE TABLE test_buyer_Stream(
    buyer_id    int,
    age         int,
```

```
        province        VARCHAR,
        star_level      varchar
) with (
    type='datahub',
    endPoint='http://dh-et2.aliyun-inc.com',
    project='your_project',
    topic='test_topic_2',
    accessId='your_access_id',
    accessKey='your_access_key',
    startTime='2017-12-01 00:00:00'
);

-- 创建一个临时表双流 join 订单流和买家流，并过滤非手机订单
CREATE VIEW tmp_order AS
SELECT   ord.order_id
    ,ord.gmt_create as order_create_time
    ,ord.buyer_id
    ,byr.age
    ,byr.province
    ,byr.star_level
FROM test_order_stream  AS ord
LEFT JOIN test_buyer_Stream AS byr
ON ord.buyer_id = byr.buyer_id
where ord.category_name=' 手机 '
;
-- 定义 rds 结果表
create table rds_mobile_orders(
    order_id            int,
    order_create_time   varchar,
    buyer_id            int,
    age                 int,
    province            VARCHAR,
    star_level          varchar,
    primary key(order_id)
) with (
    type='rds',
    url='your_mysql_url',
    tableName='your_table_name',
    userName='your_user_name',
    password='your_password'
);
-- 将手机订单以及关联到的买家属性写入 rds 结果表
insert into rds_mobile_orders
select
    order_id
    ,order_create_time
    ,buyer_id
    ,age
    ,province
    ,star_level
from tmp_order;
```

12.4.3 聚合操作

1. group by 操作

group by 操作是实际业务场景（如实时报表、实时大屏等）中使用最为频繁的操作。通常实时聚合的主要源头数据流不会包含丰富的上下文信息，而是经常需要实时关联相关的维度表，并针对这些扩展的、丰富的维度属性进行各种业务的统计。

在下面的实例中，订单流通过买家 id 关联了买家维度表，获取其所在省份信息，然后实时统计每天各省份的 iPhone 销量信息。

```
-- 从源头接收订单实时流
create table test_order_stream(
    gmt_create              varchar,
    gmt_modifed             varchar,
    order_id                BIGINT,
    buyer_id                BIGINT,
    seller_id               BIGINT,
    item_id                 bigint,
    json_object             varchar,
    order_type              VARCHAR,
    category_name           varchar,
    sub_category_name       varchar
) with (
    type='datahub',
    endPoint='http://dh-et2.aliyun-inc.com',
    project='your_project',
    topic='test_topic_1',
    accessId='your_access_id',
    accessKey='your_access_key',
    startTime='2017-12-01 00:00:00'
);
-- 定义 rds 买家维度表
CREATE TABLE rds_dim_buyer(
    buyer_id        int,
    age             int,
    province        VARCHAR,
    star_level      varchar,
    PRIMARY KEY (buyer_id),
    PERIOD FOR SYSTEM_TIME -- 定义了维度表的变化周期，即表明该表是一张会变化的表
) with (
    type='rds',
    url='your_mysql_url',
    tableName='your_table_name',
    userName='your_user_name',
    password='your_password'
);

-- 订单流关联买家维度表获取买家所在省份，并过滤非 iPhone 订单
CREATE VIEW tmp_order AS
```

```
SELECT  ord.order_id
    ,ord.gmt_create as order_create_time
    ,ord.buyer_id
    ,byr.age
    ,byr.province
    ,byr.star_level
FROM test_order_stream  AS ord
LEFT JOIN rds_dim_buyer FOR SYSTEM_TIME AS OF PROCTIME() AS byr
-- 实际项目中，可能为了避免 join 的热点，对买家维度表做了 md5 处理，那么 join 的时候也要做对应处
-- 理，如新的 join 条件可能会变为：
-- on concat(substr(md5(ord.buyer_id), 1, 4), '_', ord.buyer_id) = byr.md5_byr_
id
ON ord.buyer_id = byr.buyer_id
where ord.category_name=' 手机 '
    and ord.sub_category_name='iphone'
;
-- 定义 rds 的结果表
create table rds_mobile_orders(
    order_create_day    varchar,
    province            varchar,
    iphone_order_count  int,
    primary key(order_create_day,province)
) with (
    type='rds',
    url='your_mysql_url',
    tableName='your_table_name',
    userName='your_user_name',
    password='your_password'
);
-- 按照天、省份汇总每天 iPhone 手机销量
insert into rds_mobile_orders
select
    substring(order_create_time,1,10) as order_create_day
    ,province
    ,count(DISTINCT order_id) as iphone_order_count
from tmp_order
group by substring(order_create_time,1,10),province
;
```

2. 窗口操作

group by 操作的是全局窗口，阿里云 Stream SQL 还支持包含滑动、滚动、session 等的窗口操作，下面以 event time 的滑动窗口为例介绍窗口操作。

针对 event time 操作必须首先定义 watermark，直接在订单源头流定义即可，hop（datetime，slide，size）函数定义滑动窗口，其中 datetime 为时间列，slide 为滑动间隔，size 为窗口大小，HOP_START 则获取到窗口的开始时间，对上述的 group by 操作进行改动的实例如下，其业务含义为每一小时统计过去 24 小时每个省份的 iPhone 手机销量。

```
-- 从源头接收订单实时流
create table test_order_stream(
    gmt_create          varchar,
    gmt_modifed         varchar,
    order_id            BIGINT,
    buyer_id            BIGINT,
    seller_id           BIGINT,
    item_id             bigint,
    json_object         varchar,
    order_type          VARCHAR,
    category_name       varchar,
    sub_category_name   varchar,
    WATERMARK mywatermark FOR gmt_modifed as withOffset(gmt_modifed, 1000)
) with (
    type='datahub',
    endPoint='http://dh-et2.aliyun-inc.com',
    project='your_project',
    topic='test_topic_1',
    accessId='your_access_id',
    accessKey='your_access_key',
    startTime='2017-12-01 00:00:00'
);
-- 定义 rds 买家维度表
CREATE TABLE rds_dim_buyer(
    buyer_id        int,
    age             int,
    province        VARCHAR,
    star_level      varchar,
    PRIMARY KEY (buyer_id),
    PERIOD FOR SYSTEM_TIME -- 定义了维度表的变化周期，即表明该表是一张会变化的表
) with (
    type='rds',
    url='your_mysql_url',
    tableName='your_table_name',
    userName='your_user_name',
    password='your_password'
);

-- 订单流关联买家维度表获取买家所在省份，并过滤非 iPhone 订单
CREATE VIEW tmp_order AS
SELECT    ord.order_id
    ,ord.gmt_modifed as order_modified_time
    ,ord.mywatermark
    ,ord.buyer_id
    ,byr.age
    ,byr.province
    ,byr.star_level
FROM test_order_stream  AS ord
LEFT JOIN rds_dim_buyer FOR SYSTEM_TIME AS OF PROCTIME() AS byr
ON ord.buyer_id = byr.buyer_id
```

```
-- 实际项目中，可能为了避免 join 的热点，对买家维度表做了 md5 处理，那么 join 的时候
--order 流的 buyre_id 也要做 md5 处理，如新的 join 条件可能会变为：
-- on concat(substr(md5(buyer_id), 1, 4), '_', ord.buyer_id) = byr.md5_buyer_id
where ord.category_name=' 手机 '
    and ord.sub_category_name='iphone'
;
-- 定义 rds 的结果表
create table rds_mobile_orders(
    stat_begin_time      varchar,
    province             varchar,
    iphone_order_count   int,
    primary key(stat_begin_time,province)
) with (
    type='rds',
    url='your_mysql_url',
    tableName='your_table_name',
    userName='your_user_name',
    password='your_password'
);
-- 每一小时统计过去 24 小时每个省份的 iPhone 手机销量
insert into rds_mobile_orders
select
    CAST(HOP_START(order_modified_time interval '1' hour, interval '1' day) AS
    TIMESTAMP) AS stat_begin_time
    ,province
    ,count(DISTINCT order_id) as iphone_order_count
from tmp_order
group by  HOP(order_modified_time, interval '1' hour, interval '1' day),province
;
```

12.5　撤回机制

9.4.5 节描述了 Flink 的撤回机制。在某些业务场景下，必须考虑撤回，否则计算结果会不准确，比如用户排队咨询的场景，如果某用户 A 从队列 1 转移到队列 2，现在要统计每个队列最终承担的用户咨询量，那么不考虑撤回将会导致重复计算。

阿里云 Stream SQL 支持撤回的处理，具体实例如下，其业务含义为统计每个队列最终承担的用户咨询量。

```
-- 从源头接收咨询 session 粒度的实时流
create table test_queue_stream(
    gmt_create           varchar,
    gmt_modifed          varchar,
    session_id           BIGINT,
    queue_id             BIGINT,
    session_user_id      BIGINT,
    session_user_name    bigint
```

```
) with (
    type='datahub',
    endPoint='http://dh-et2.aliyun-inc.com',
    project='your_project',
    topic='test_topic_1',
    accessId='your_access_id',
    accessKey='your_access_key',
    startTime='2017-12-01 00:00:00'
);

-- 创建临时表，取每个 session 的最后一个 queue_id，与下面的 group by 操作一起支持撤回
create view tmp_queue_stream as
select
    session_id,
    StringLast(queue_id)
from test_queue_stream
group by session_id;

-- 定义 rds 的结果表
create table rds_queue_result(
    queue_id          varchar,
    session_count     int,
    primary key(queue_id)
) with (
    type='rds',
    url='your_mysql_url',
    tableName='your_table_name',
    userName='your_user_name',
    password='your_password'
);
-- 统计每个队列的排队量，如果用户有队列变更，group by 时会撤回，不会重复统计
insert into rds_queue_result
select
    queue_id,
    count(distinct session_id) as session_count
from tmp_queue_stream
group by queue_id
;
```

12.6 本章小结

本章主要结合 Flink SQL 和阿里云 Stream SQL 介绍 Stream SQL 以及实时数据开发实战。

本章首先介绍了流计算 SQL 的基本概念、原理和架构以及主要流计算框架的流计算 SQL 现状，然后以阿里云 Stream SQL 为例介绍 StreamSQL 的源表、结果表、视图等 DDL 语法和示例以及 Stream SQL DML，最后结合常见的实时开发场景具体介绍了 Stream SQL

的开发。

　　Stream SQL 开发实时任务相比访问流计算高级或者底层 API 来说，不需要开发人员具有 Java 等语言的开发技能，极大降低了实时开发的门槛并提高了实时开发的效率。但是这并不意味着数据开发人员不需要了解底层的技术原理和细节。要开发高效的 Stream SQL，必须了解其执行原理。另外，实时任务调优也必须对 Stream SQL 如何在底层流计算框架上执行心中有数，因此读者务必掌握上述几章对于流计算框架的概念、原理以及各种高级技术。

　　此外，StreamSQL 的表达是有限的，某些场景下还需要直接访问流计算框架的 API 直接编程或者开发 UDF、UDAF。

参 考 文 献

[1] 陆嘉恒 .Hadoop 实战 [M]. 北京：机械工业出版社，2012.

[2] Edward Capriolo，Dean Wampler，Jason Rutherglen. Hive 编程指南 [M]. 曹坤，译 . 北京：人民邮电出版社，2013.

[3] Ralph Kimball，Margy Ross. 数据仓库工具箱：维度建模权威指南 [M]. 3 版 . 王念滨，周连科，韦正现，译 . 北京：清华大学出版社，2015.

[4] Christopher Adamson. Star Schema 完全参考手册——数据仓库维度设计权威指南 [M]. 王红滨，王念滨，初妍，等译 . 北京：清华大学出版社，2012.

[5] Inmon W H. 数据仓库 [M].4 版 . 王志海，等译 . 北京：机械工业出版社，2006.

[6] P.Taylor Goetz，Brian O'Neill. Storm 分布式实时计算模式 [M]. 董昭，译 . 北京：机械工业出版社，2015.

[7] Sumit，Gupta. Spark Streaming：实时流处理入门与精通 [M]. 韩燕波，等译 . 北京：电子工业出版社，2017.